U0269302

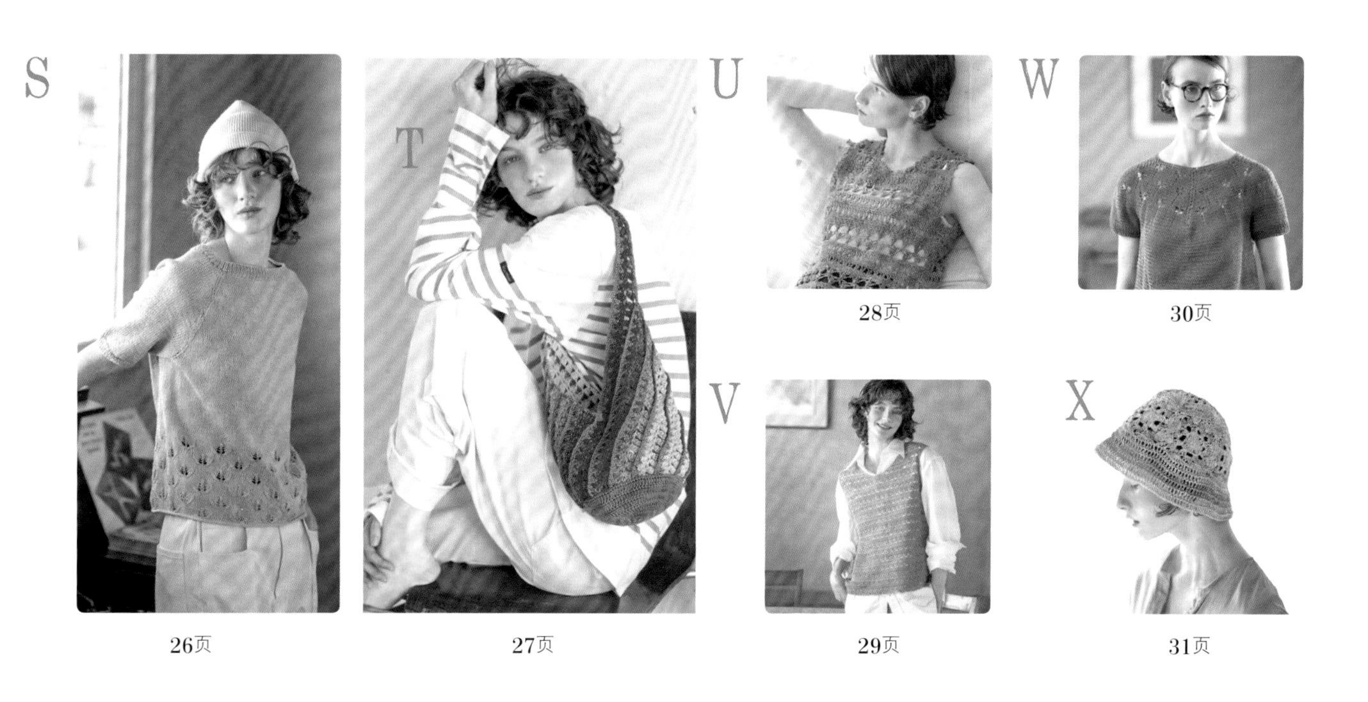

A

这是一款引人注目的简约款法式连肩袖开衫。不需要连接或缝合，连前门襟都是和开衫主体一起自上而下编织而成的。

使用线：Arabis
编织方法：34页

B

这是一款用起伏针编织的充满春意的套头衫。用飘逸的飘带线，仅直接编织就很可爱。

使用线：Flottant
编织方法：45页

C

已经成为必需品的智能手机包也可以根据季节进行更换。这款包可以解放双手，让出行更加方便。虽然是编织品，但也很华丽，可以享受首饰一样的乐趣。

使用线：Flottant　编织方法：80页

D

夏天晴空映照下愈发亮眼的渐变色法式背心。全棉材质，能穿出帅气、清爽的风格。

使用线：QUATTRO DÉGRADÉ

编织方法：38页

E

这款长短针交替编织的1片式手提包，配有可爱的褶边状提手。大胆的颜色变化，是段染线所独有的特点。

使用线：QUATTRO DÉGRADÉ　编织方法：40页

F

2种材质、3个颜色组合做编织花样，用拉出的针目编织花纹。手工编织的乐趣就在于你可以通过棒针自由设计属于自己的原创作品。

使用线：Palpito、Arabis　编织方法：42页

G

一款用钩针钩织的“小包袱”，也是令人想要惊叹的迷人背包！由3种颜色钩织的祖母方格大花片对折缝合而成，包形简单。

使用线：Sympa Douce

编织方法：46页

ERICA
Spirit
SALT POTATO CHIPS

H

所用线材含棉，拥有蓬松的质感，让人心动且具有魅力。简单好穿的连帽衫肯定会成为今年夏天的必备单品。

使用线：Palpito
编织方法：48页

I

非常流行的网状套头衫，从中心开始按方眼编织的要领，一圈圈钩织花片。衣袖按方眼编织直接钩织。线材的金属光泽增加了日常服装的华丽感。

使用线：Astro

编织方法：56页

J

一款很有松弛感的单提手包，用引拔编织的方式编织出厚实的纹理。使用了即使沾水也容易变得干燥的、当季流行的闪闪发光的金属线。

使用线：Nuvola、Astro　编织方法：58页

K

色彩富于变化的法式渐变色线材，
一根线上变幻七种颜色，魅力十足。
背部采用单色线编织一片大花片。

使用线：QUATTRO DÉGRADÉ 、Pima Basic
编织方法：51页

L

镂空的美感才是夏季针织品的真正魅力。没有多余的设计，用流畅的蕾丝花样直接编织而成，让人喜欢。

使用线：Sympa Douce
编织方法：60页

M

穿上颜色漂亮的衣服就感觉精力充沛。穿上舒适的麻线针织品，请享受治愈心灵的针织时刻。

使用线：Puppy Linen100

编织方法：81页

N

这是一件可以让您体验针织之美的上衣，能够勾勒出优美的身体曲线。只需与日常服装搭配即可尽显优雅气质。

使用线：Ricordo

编织方法：62页

O

采用加、减针组合编织而成的松软的、花样时尚的一款手提包。由于尺寸较小，作副包使用也颇具时尚亮点。

使用线：Nuvola　编织方法：64页

P

缠绕针编织的大孔图案带来夏日的感觉。在编织具有季节感的单品时，思考与哪件衣服搭配，在什么场合穿，是极为幸福的时刻。

使用线：Foch
编织方法：66页

Q

只需一团线即可编织出适合所有季节的三角形披肩。用段染线编出的作品，适用性很强。100%纯棉材质也很舒适。

使用线：QUATTRO DÉGRADÉ　编织方法：68页

b

R

特有的富于简约美的针织套头衫。采用了小众的海军蓝色为基础色，打造适合成人的柔和少女风。

使用线：Pima Denim
编织方法：70页

S

自上而下编织的无缝短袖套头衫，图案似花或叶，犹如伸出的双手。高品质的棉质质感、亮丽的光泽和紧实的触感让人充满享受。

使用线：Cotton Kona

编织方法：82页

T

转动一下就能变换不同颜色，这就是渐变色段染线的魔法！这是一款有趣的包，设计上利用花样的优势，在一侧加线编织提手。

使用线：QUATTRO DÉGRADÉ、Cotton Kona

编织方法：86页

U

用颜色明亮、鲜艳的线编织而成的背心，融合了宽窄 2 种图案的蕾丝花样，是一款让人期待的清凉一夏的搭配毛衫。

使用线：Sympa Douce
编织方法：73页

V

春夏针织衫的魅力之一是，无论是直接穿着还是像马甲一样搭配都很棒。下摆处扇形花边的线条展现出女性的温柔。

使用线：Puppy Linen100

编织方法：77页

W

蜻蜓图案的长针套头衫，据说这种图案可以带来好运和幸福。对从领口向下编织所特有的加针线条，进行了别出心裁的设计。

使用线：Saint-Gilles
编织方法：90页

X

花样帽子由含植物纤维（大麻）的线材编织而成，线材的张力使帽子能够很好地保持漂亮的形状。此款帽子既怀旧又新颖，具有20世纪70年代的时尚感。

使用线：Sympa Douce　编织方法：94页

本书用线一览

图片为实物粗细

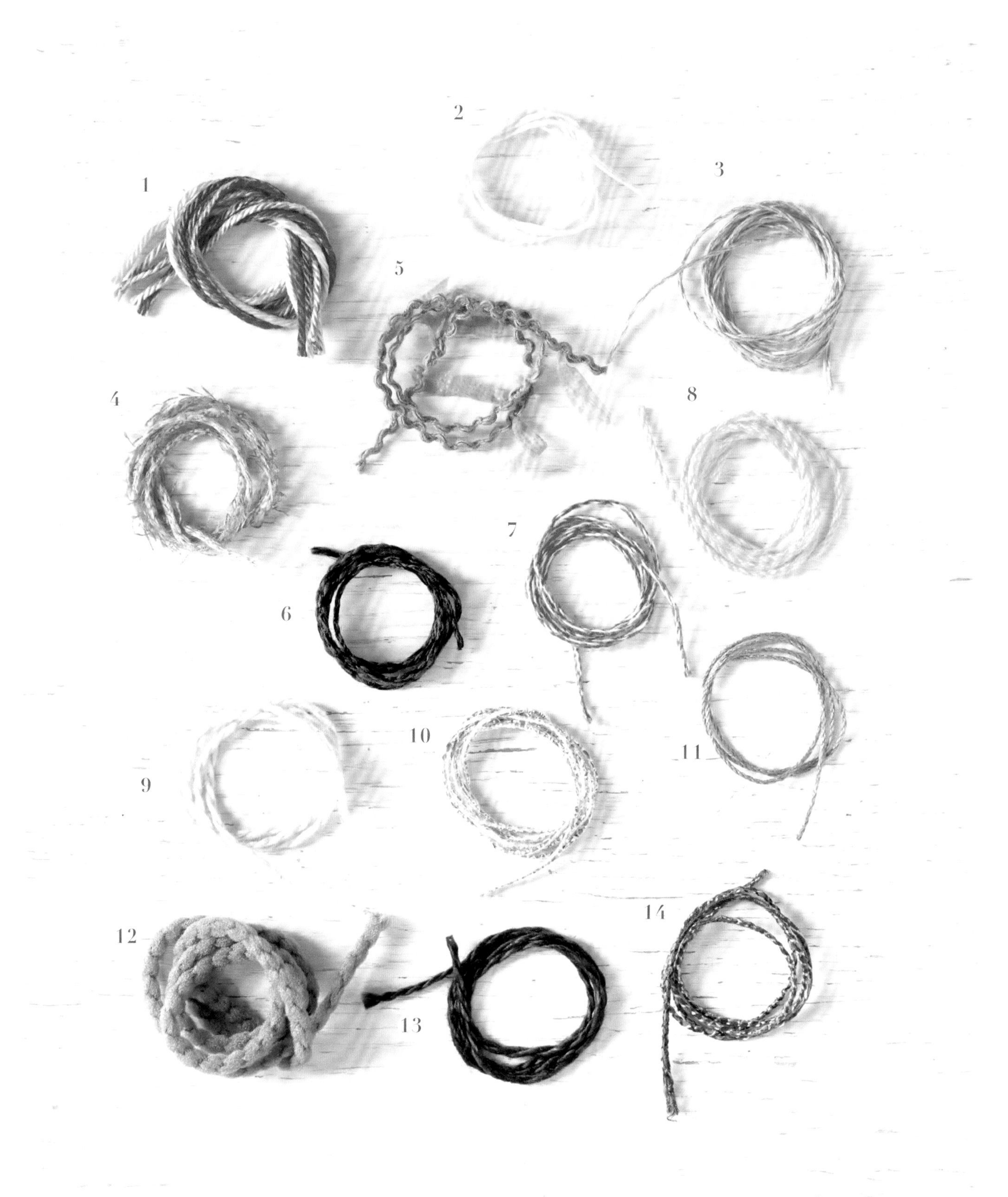

线名	成分	粗细	色数	规格	线长	用针号数	标准下针编织密度	特征
1 QUATTRO DÉGRADÉ	棉 100%	中粗	6	100g/ 团	240m	4~6 号	22~23 针 28~29 行	颜色鲜艳的、充满魅力的 4 股段染线。100% 棉适用于服装、小物，带你体验美丽的颜色变化和清爽的线材触感
2 Arabis	棉 100%	中细	20	40g/团	165m	4~6 号	26~27 针 32~33 行	将细棉纱纺成空心线，再加工成扁平的带子线。颜色优美、富有光泽、手感爽滑是这款中细线的特点
3 Puppy Linen 100	亚麻 100%	粗	12	40g/团	148m	4~6 号	24~25 针 31~32 行	适合夏日编织的、手感清爽舒适的 100% 亚麻线。全 12 色，既有柔和的自然色，也有清新的亮色。棒针和钩针均可编织
4 Palpito	棉 55% 人造丝 25% 涤纶 20%	中粗	7	50g/团	118m	7~9 号	20~21 针 27~28 行	在棉线中加入色泽动人的人造丝和涤纶混纺而成的花式线。用来编织简单的花样也别有一番韵味
5 Flottant	棉 72% 尼龙 28%	中粗	5	50g/团	100m	7~9 号	14~15 针 22~23 行	一款像蝴蝶翩翩起舞一样可爱的线材。质地柔软，适用于简单的编织花样或编织花样的某个部分，可以编织出有品位的成品
6 Foch	棉 40% 人造丝 40% 亚麻 20%	粗	9	40g/团	120m	4~6 号	23~24 针 31~32 行	棉线的柔软、人造丝的光泽、亚麻的张力，这款优质线材融合了各种材质的优点。是一款很好编织的粗线，长时间编织也不会觉得累
7 Sympa Douce	植物纤维（大麻）50% 腈纶 50%	粗	8	40g/团	105m	4~6 号	22~23 针 29~30 行	这款杂色花线兼具天然素材的朴实和清爽明快的色调。棒针和钩针均可编织，从毛衫到小物均可使用，是应用非常广泛的粗线
8 Cotton Kona	棉 100%	粗	25	40g/团	110m	4~6 号	25~26 针 32~33 行	为了方便编织，将印度棉强捻加工而成这款线材，经过丝光处理增加了韧性和光泽。无论是毛衫还是小物，这种粗细的线都很容易编织
9 Pima Basic	棉 100%	粗	5	40g/团	135m	3~5 号	22~23 针 30~31 行	Pima Denim 的基础色款。凑齐易于搭配的自然色和充满活力的蓝色等共 5 种颜色。易于编织，是适用于棒针和钩针编织的一款棉线
10 Astro	棉 59% 锦纶 20% 腈纶 19% 涤纶 2%	中细	7	25g/团	96m	3~5 号	25~26 针 30~31 行	这款线材的特点是具有若隐若现的金属光泽，仿佛夜空中闪烁的星星。棒针和钩针均可编织，编织手感很好，作品也很漂亮
11 Saint-Gilles	棉 61% 亚麻 39%	细	12	25g/团	130m	1~2 号	30~31 针 41~42 行	将棉和亚麻捻线，又进行丝光处理的细线。适用钩针编织，能够流畅地完成细致的编织
12 Nuvola	涤纶 100%	中粗	12	50g/团	111m	11~13 号	16~17 针 22~23 行	富有弹性、轻柔松软的质感像极了夏日天空中漂浮的云朵。打湿后很容易晾干，颜色种类也很丰富
13 Pima Denim	棉 100%	粗	6	40g/团	135m	3~5 号	22~23 针 30~31 行	100% 纯棉线经过特殊染色加工后呈现出牛仔布的色调。是一款可以突显编织花样的粗线，从毛衫到小物，应用非常广泛
14 Ricordo	人造丝 39% 棉 26% 腈纶 23% 苎麻 6% 亚麻 6%	粗	6	40g/团	125m	4~6 号	23~24 针 31~32 行	这是一款细腻雅致的渐变色花式线，视觉和触觉都让人倍感愉悦。棒针和钩针均可编织，作品轻薄爽滑，适合编织夏季毛衫

●线的粗细仅作参考，标准下针编织密度是制造商提供的数据。

作品的编织方法

A | 02、03页

●材料

Arabis(中细)原白色(6002)260g/7团

4个直径2.3cm的纽扣

●工具

钩针5/0号

●成品尺寸

胸围99cm，衣长49cm，连肩袖长31.5cm

●编织密度

10cm×10cm面积内：长针23针，10行

●编织要点

育克、前门襟(上半部分)、衣袖 锁针起针后，第1行在锁针的半针和里山(2根线)里挑针钩织，参照图示，按编织花样A、B和长针钩织。右前门襟钩织扣眼。

前、后身片及前门襟(下半部分) 从育克指定针目挑针，腋下锁针起针后，按编织花样A和长针钩织。右前门襟钩织扣眼。

组合 衣领按照编织花样A钩织。在左前门襟上缝上纽扣。

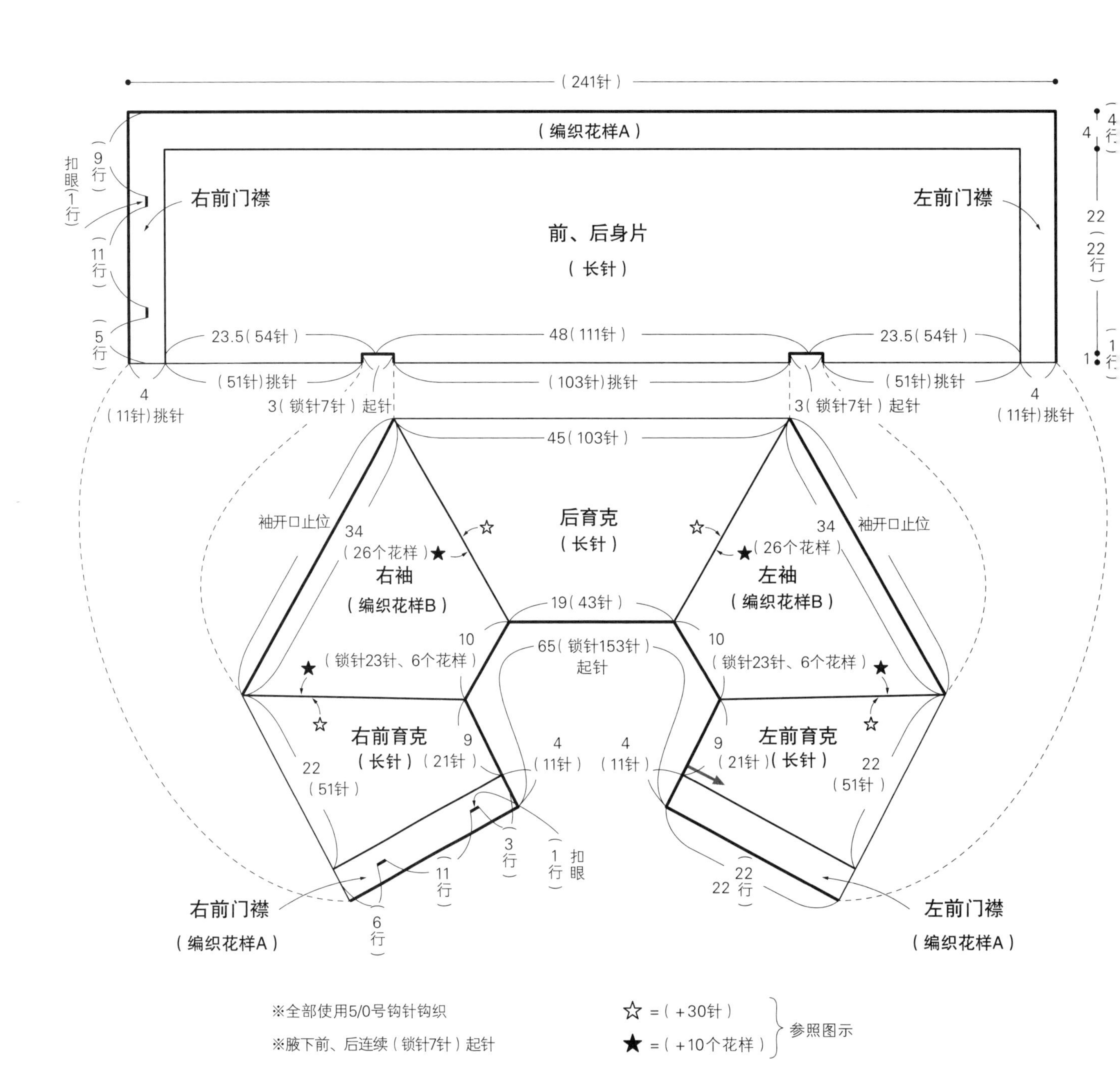

※全部使用5/0号钩针钩织

※腋下前、后连续(锁针7针)起针

☆=(+30针) 参照图示

★=(+10个花样)

前、后身片的编织方法

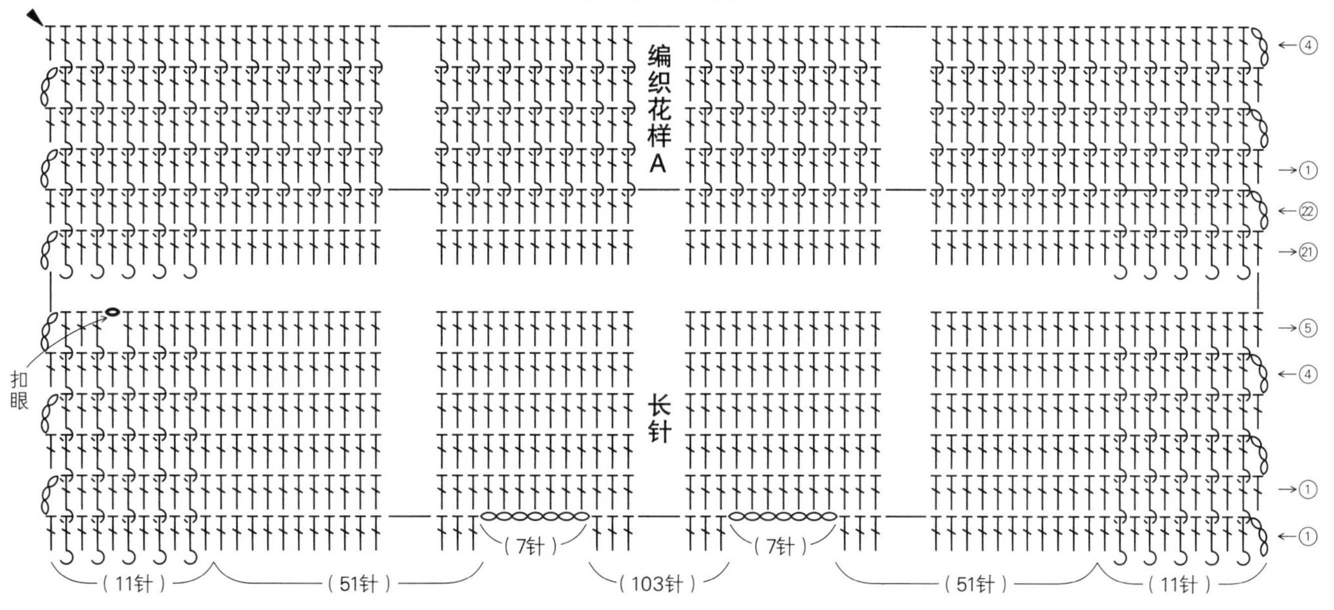

= 剪线

= 长针的正拉针

（从反面编织时，编织 =长针的反拉针）

衣领（编织花样A）

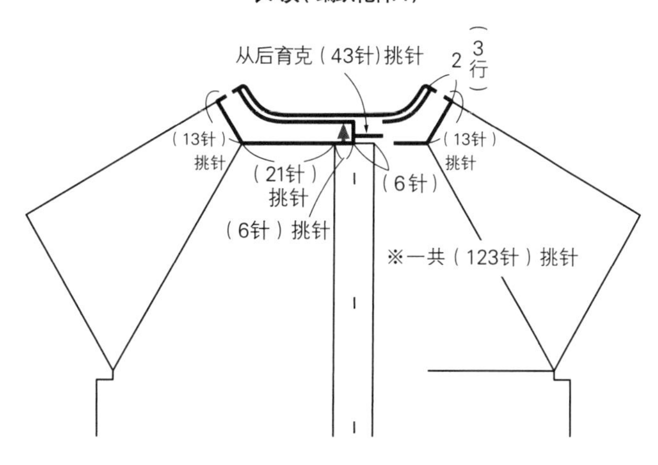

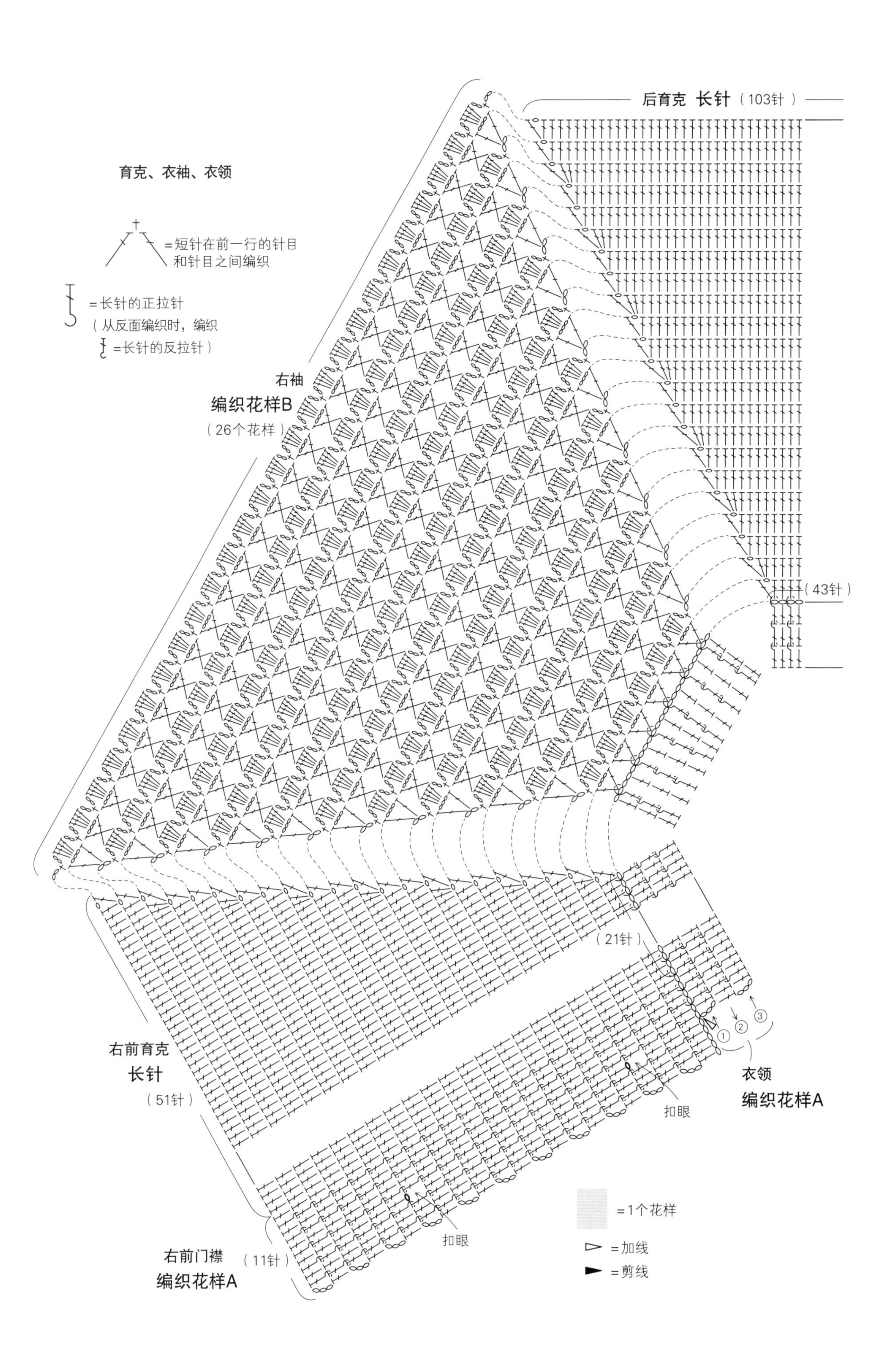
后育克 长针（103针）
育克、衣袖、衣领
=短针在前一行的针目和针目之间编织
=长针的正拉针
（从反面编织时，编织
=长针的反拉针）
右袖
编织花样B
（26个花样）
（43针）
（21针）
①
②
③
衣领
编织花样A
扣眼
右前育克
长针
（51针）
=1个花样
扣眼
=加线
=剪线
右前门襟
（11针）
编织花样A

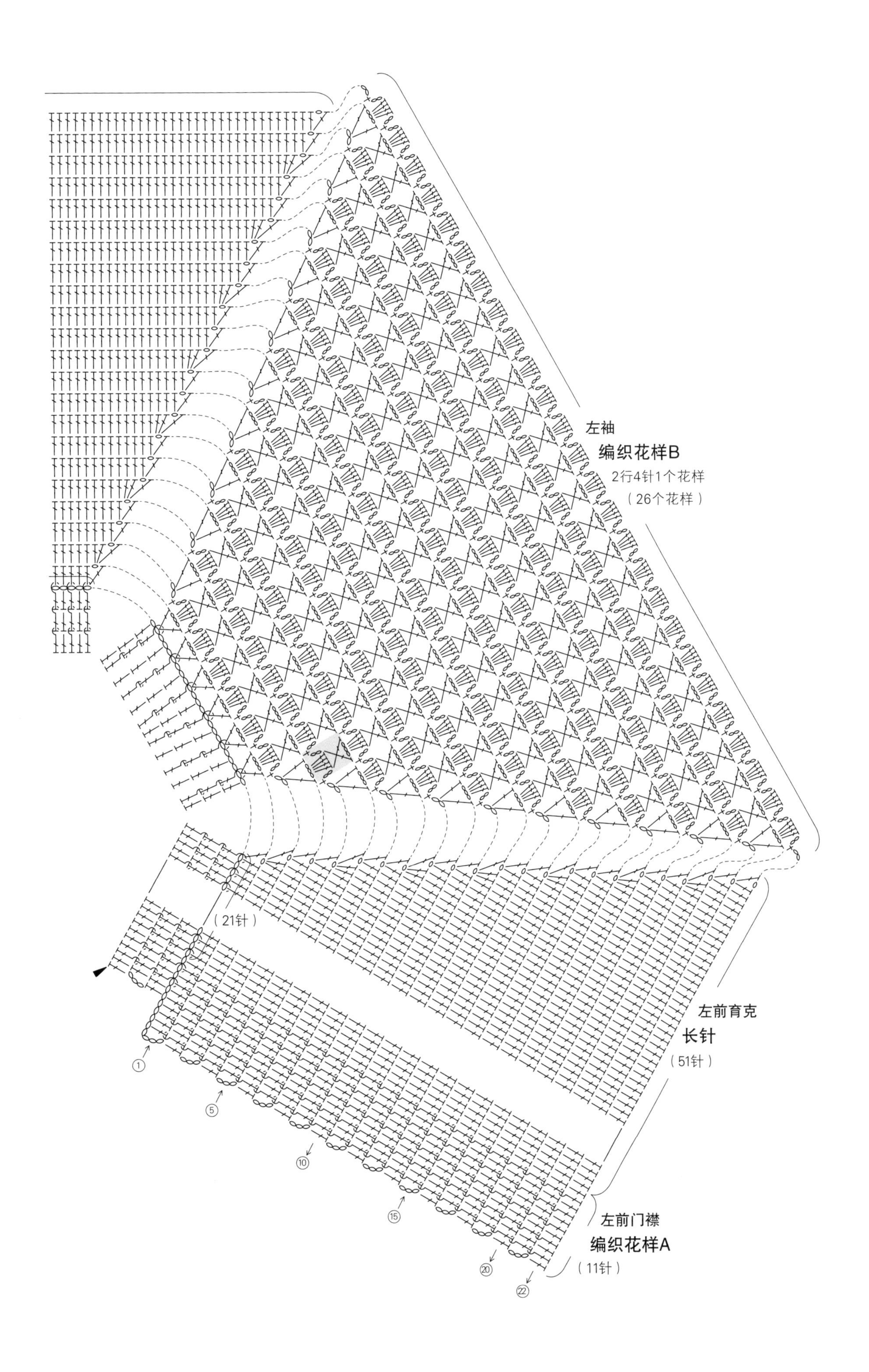

左袖
编织花样B
2行4针1个花样
（26个花样）
左前育克
长针
（51针）
（21针）
左前门襟
编织花样A
（11针）
①
⑤
⑩
⑮
⑳
㉒

D | 06页

●**材料**

QUATTRO DÉGRADÉ(中粗)黄色、蓝色、绿色、棕色系多色混纺段染(13)290g/3团

●**工具**

棒针4号、3号

●**成品尺寸**

胸围100cm，衣长54cm，肩宽44cm

●**编织密度**

10cm×10cm面积内：上针编织24针，32行；编织花样25针，32行

●**编织要点**

前、后身片 手指挂线起针后编织下摆的单罗纹针。接着后身片做上针编织，前身片按编织花样编织到肩部。袖窿、领窝做伏针减针和立起侧边1针的减针，肩部的针目做休针处理。

组合 肩部将前、后身片正面相对做盖针接合，前身片左、右各1处针目重叠接合。挑针缝合胁部。衣领和袖口按单罗纹针环形编织，编织终点做下针织下针、上针织上针的伏针收针。

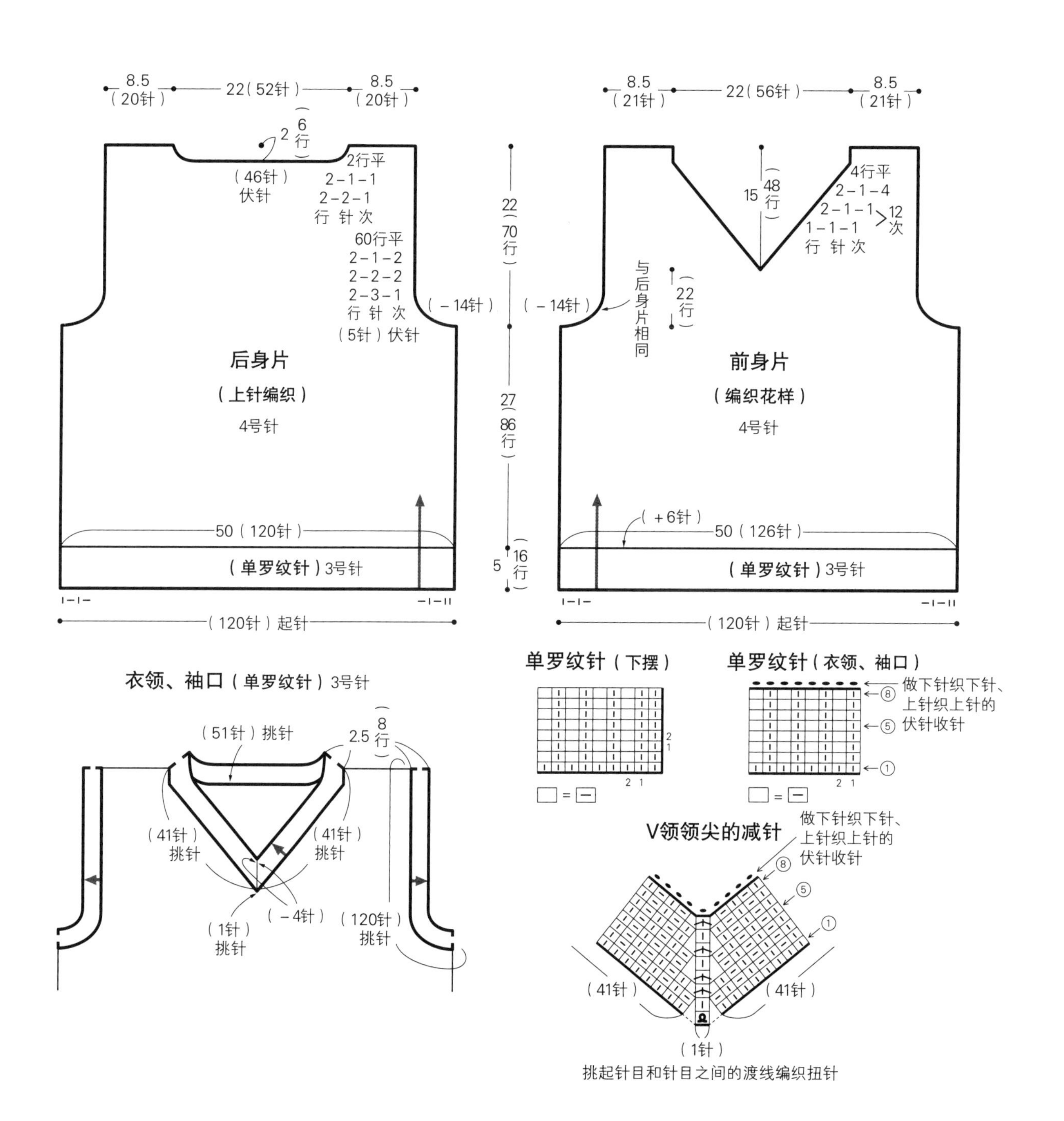

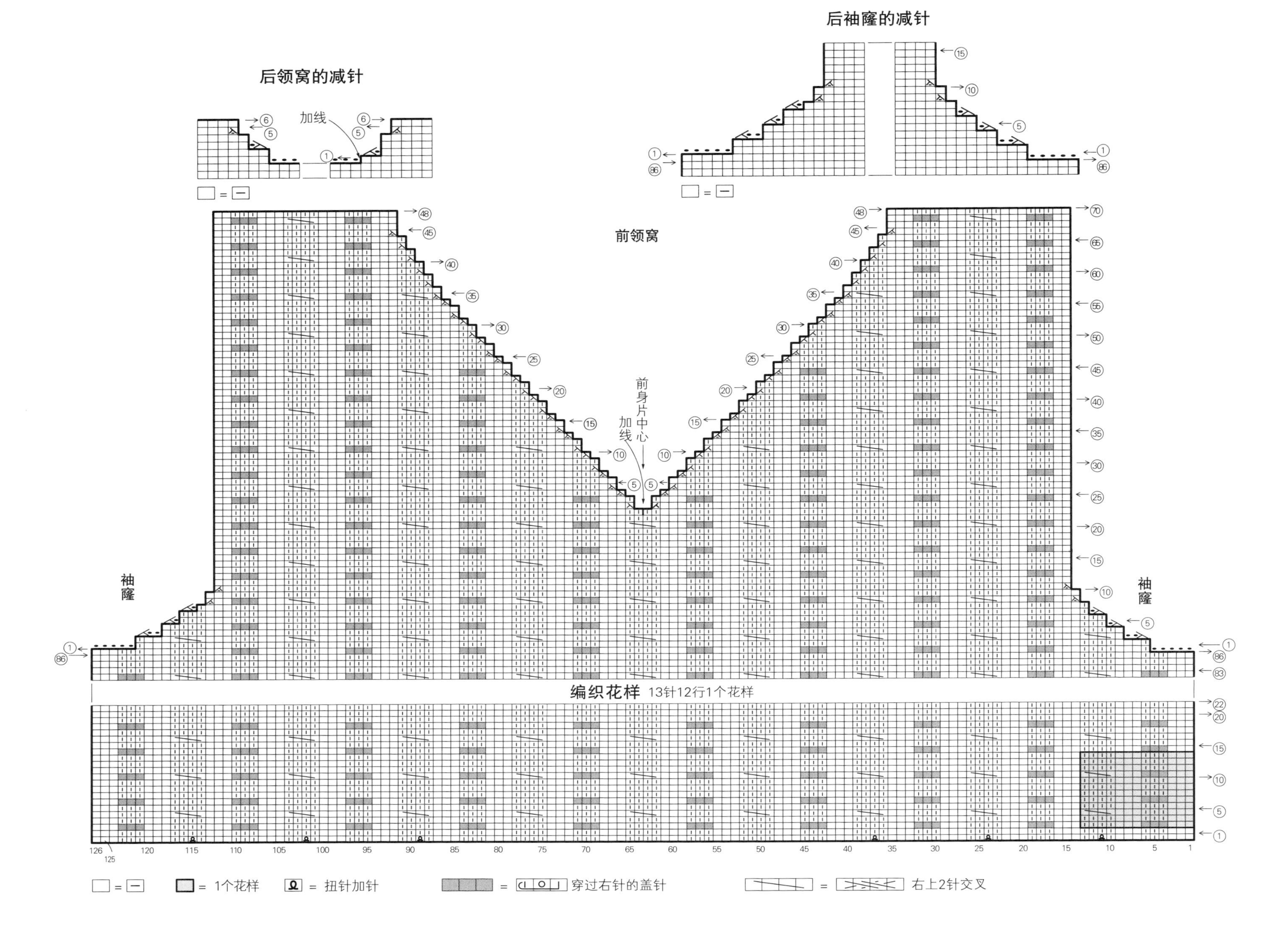
后领窝的减针
加线
= 一
后袖窿的减针
= 一
前领窝
前身片中心
加线
袖窿
袖窿
编织花样 13针12行1个花样
= 一
= 1个花样
= 扭针加针
= 穿过右针的盖针
= 右上2针交叉

E | 07页

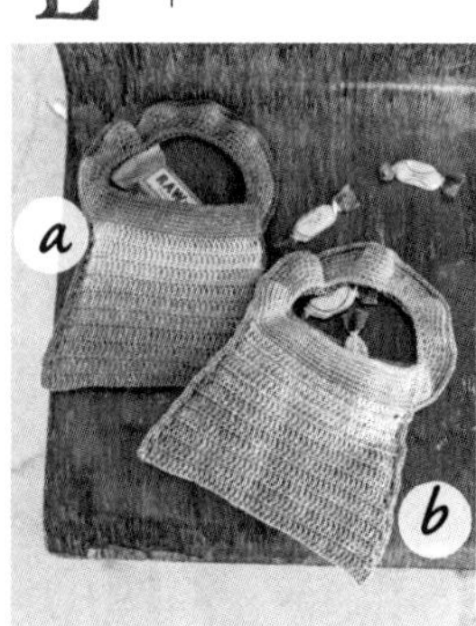

●材料

QUATTRO DÉGRADÉ(中粗)

a 红色、粉色系浓淡多色混纺段染(2)60g/1团
b 蓝色、黄色系浓淡多色混纺段染(3)60g/1团

●工具

钩针 5/0号

●成品尺寸

宽 20cm，深 15cm

●编织密度

10cm×10cm面积内：编织花样 22针，16行

●编织要点

侧面锁针起针后，第1行在锁针的半针和里山(2根线)里挑针。按编织花样钩织，接着包口和提手钩织短针。提手接着包口第1行的短针直接锁针起针，从第2行开始分散减针。另一个侧面从起针开始挑针，包口和提手也继续按照相同方法钩织。侧面和提手正面朝外对齐，用短针钩织侧边和提手边。

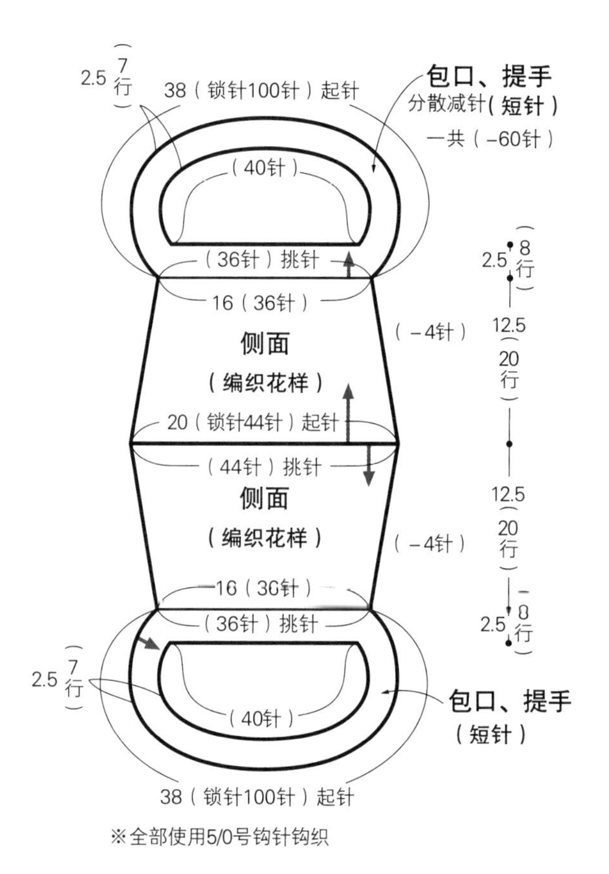

※全部使用5/0号钩针钩织

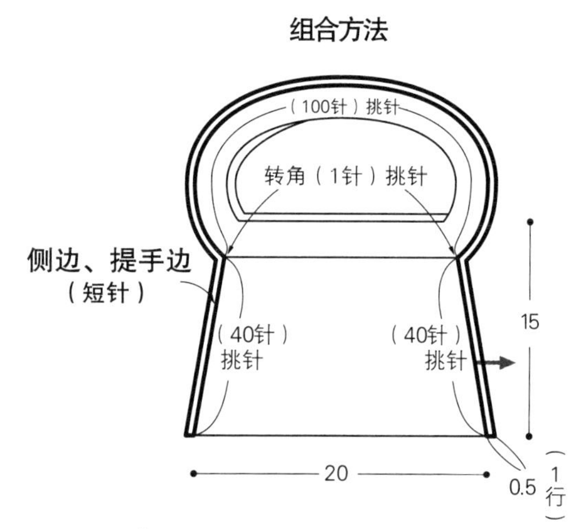

※侧面和提手正面朝外对齐，
2片一起挑针钩织短针

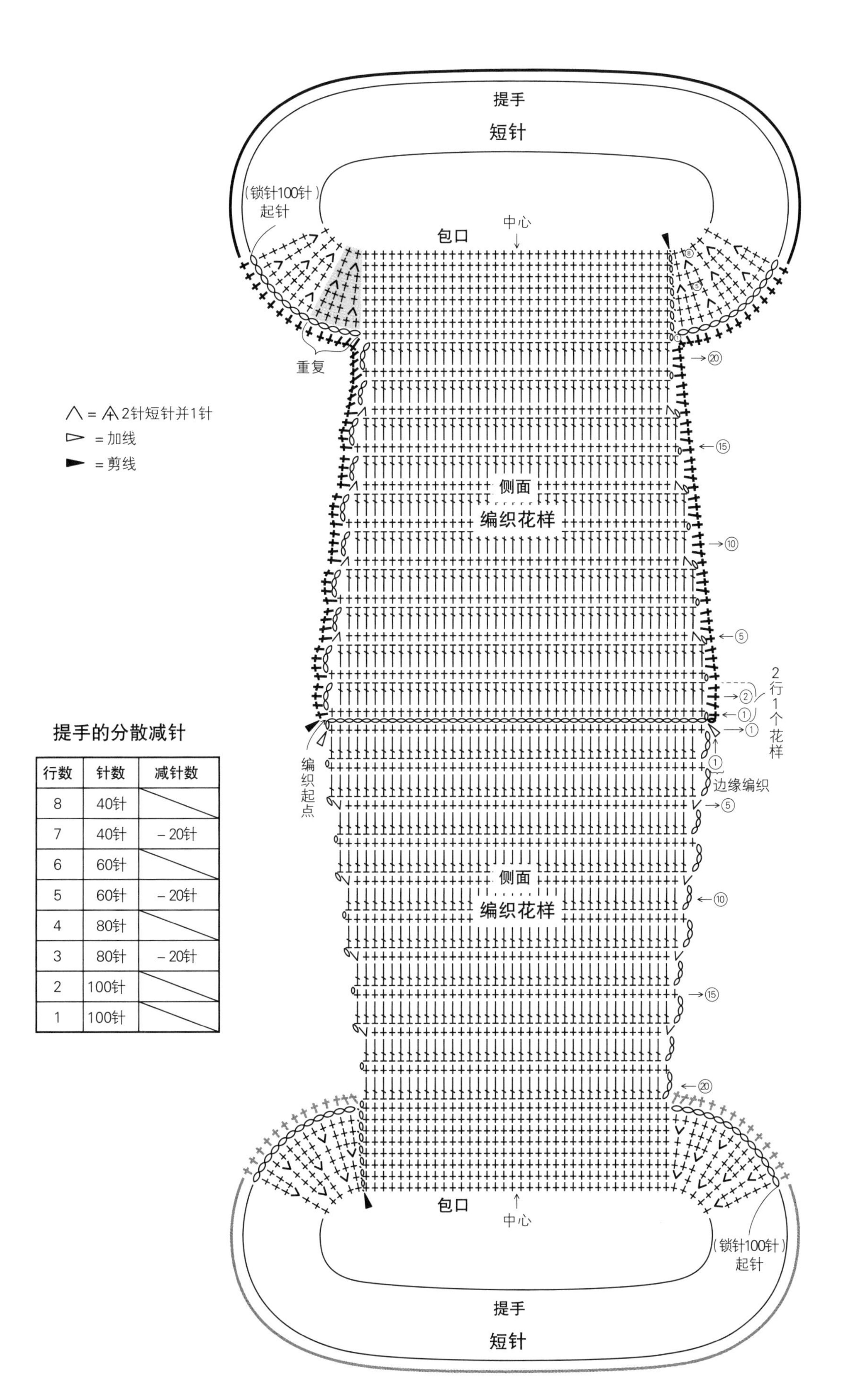

提手的分散减针

行数	针数	减针数
8	40针	
7	40针	－20针
6	60针	
5	60针	－20针
4	80针	
3	80针	－20针
2	100针	
1	100针	

F | 08页

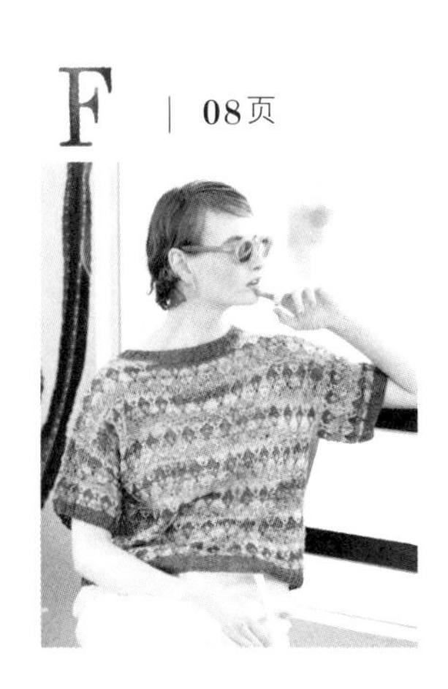

●材料

Palpito（中粗）棕色系（6502）190g/4团
Arabis（中细）棕色（1119）70g/2团
红褐色（1644）30g/1团

●工具

棒针7号

●成品尺寸

胸围108cm，衣长51.5cm，连肩袖长41.5cm

●编织密度

10cm×10cm面积内：编织花样17针，31行

●编织要点

前、后身片 手指挂线起针后编织下摆的双罗纹针，接着按编织花样编织。在接袖止位用线头做标记，领窝做伏针减针和立起侧边1针的减针。肩部做引返编织，编织终点做休针处理。

衣袖 和身片的起针方法相同，用相同的方法编织。在编织终点做伏针收针。

组合 肩部将前、后身片正面相对做盖针接合。衣领环形编织双罗纹针，编织终点做下针织下针、上针织上针的伏针收针。挑针缝合胁部和袖下。引拔缝合衣袖和身片。

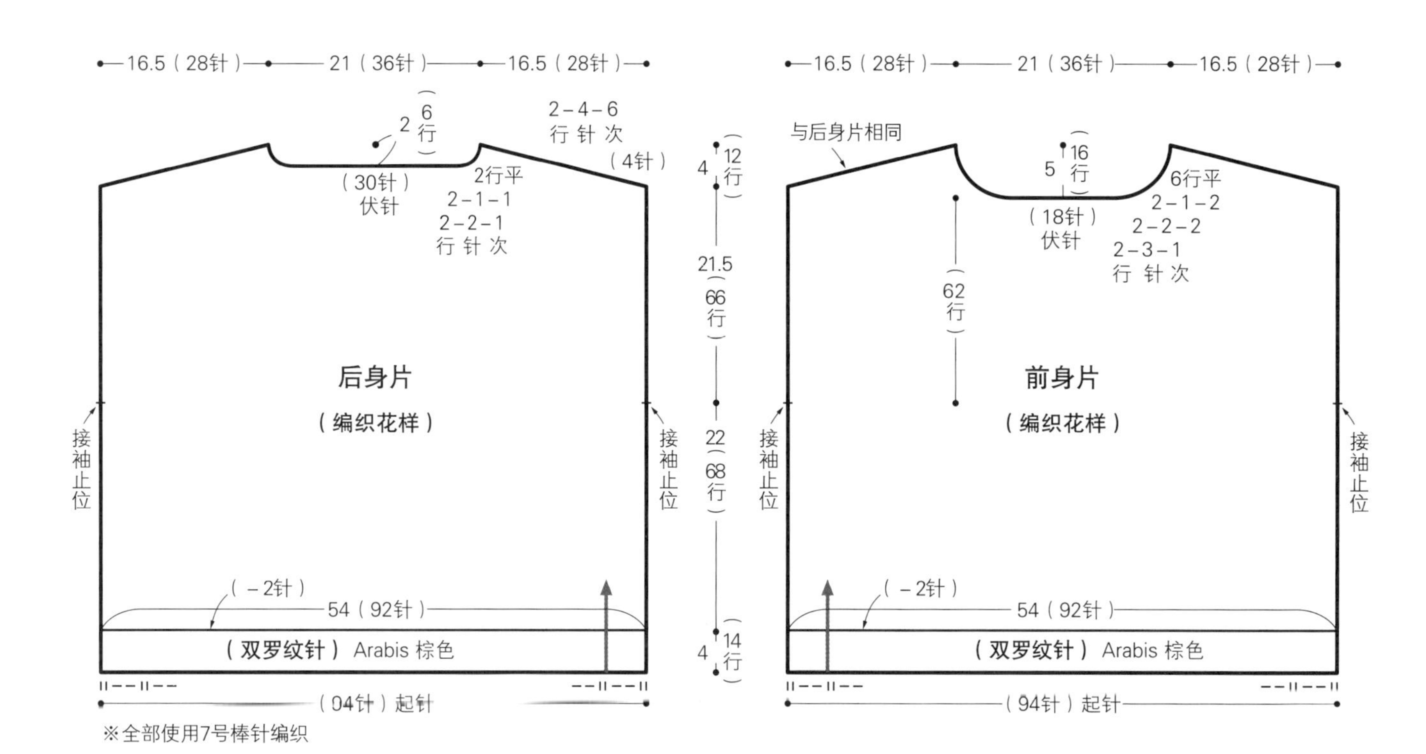

※全部使用7号棒针编织

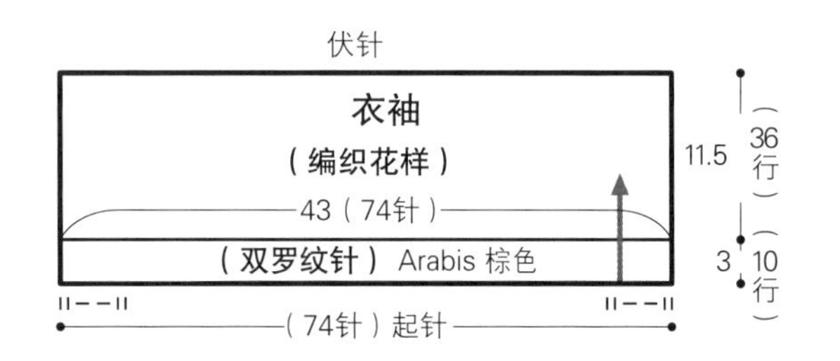

衣领（双罗纹针）
Arabis 棕色
从后身片（44针）挑针
3（10行）
（52针）挑针

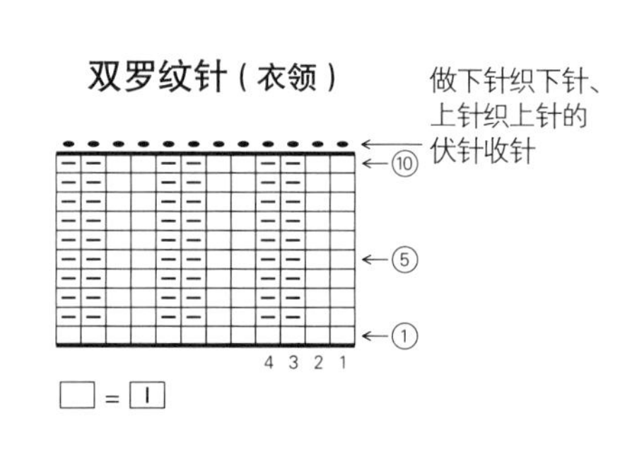

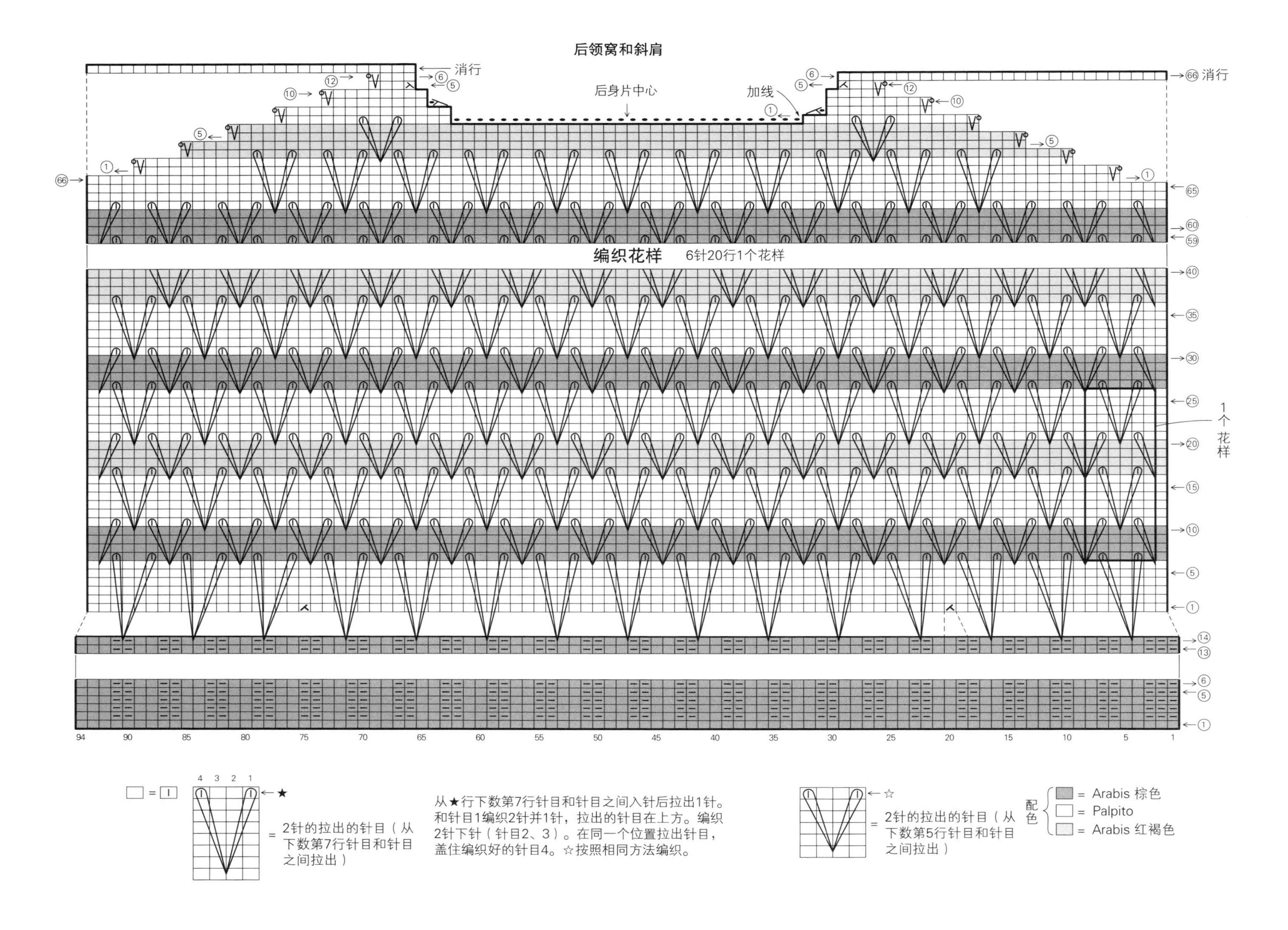

后领窝和斜肩
消行
后身片中心
加线
编织花样 6针20行1个花样
1个花样
□ = I
2针的拉出的针目（从下数第7行针目和针目之间拉出）
从★行下数第7行针目和针目之间入针后拉出1针。和针目1编织2针并1针，拉出的针目在上方。编织2针下针（针目2、3）。在同一个位置拉出针目，盖住编织好的针目4。☆按照相同方法编织。
2针的拉出的针目（从下数第5行针目和针目之间拉出）
配色
= Arabis 棕色
= Palpito
= Arabis 红褐色

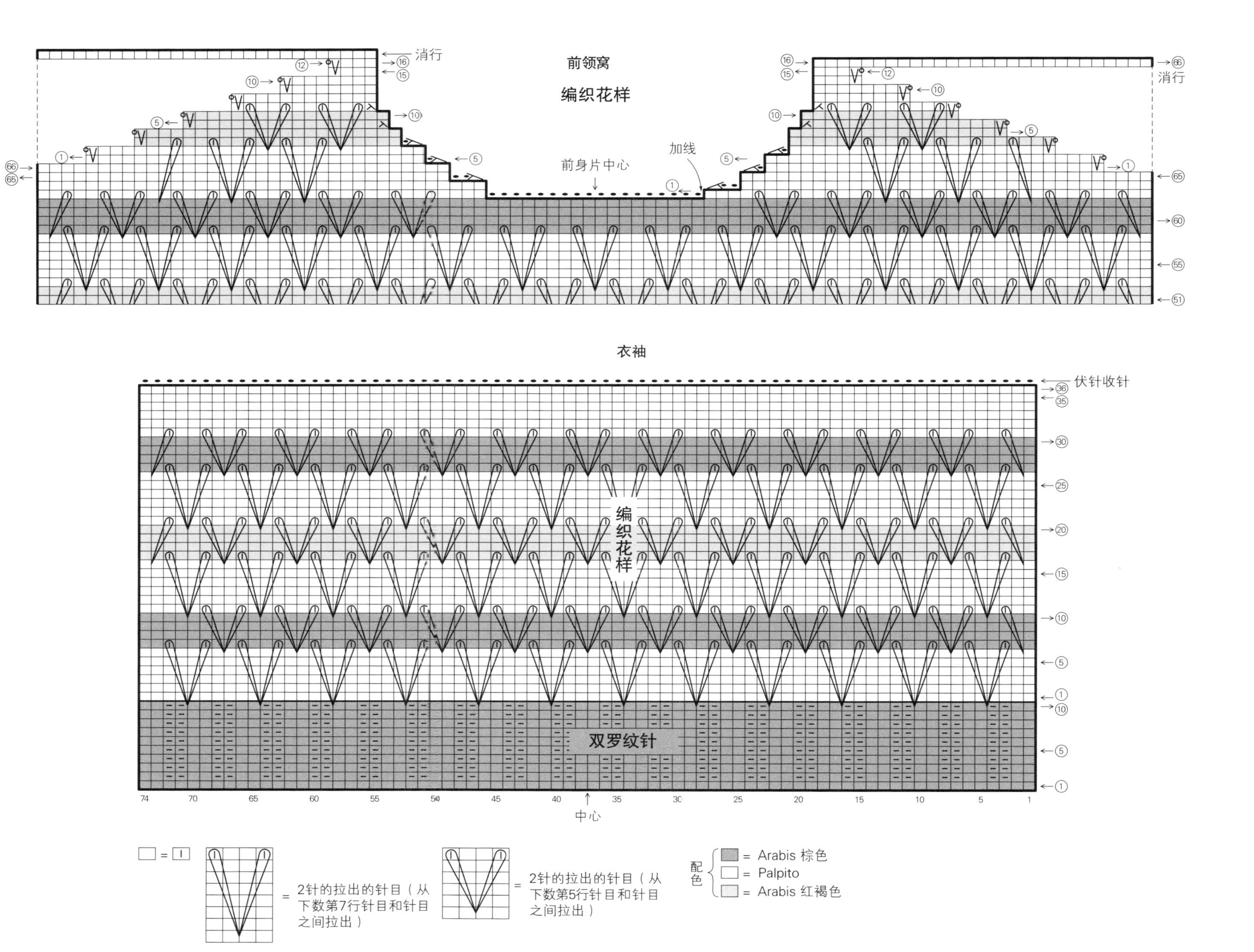

前领窝
编织花样
消行
前身片中心
加线
衣袖
伏针收针
编织花样
双罗纹针
中心
□ = |
= 2针的拉出的针目（从下数第7行针目和针目之间拉出）
= 2针的拉出的针目（从下数第5行针目和针目之间拉出）
配色
= Arabis 棕色
= Palpito
= Arabis 红褐色

B | 04页

●材料

Flottant（中粗）粉色（5）230g/5团

●工具

棒针 15号

●成品尺寸

胸围 104cm，衣长 45.5cm，连肩袖长 40.5cm

●编织密度

10cm×10cm面积内：起伏针 13针，17行

●编织要点

前、后身片 手指挂线起针后，下摆按照编织花样编织，接着编织起伏针到肩部。在袖开口止位用线头做标记，领窝做伏针，肩部的针目做休针处理。

衣袖 肩部将前、后身片正面相对做盖针接合。从前、后袖窿挑针，无须加减针编织起伏针和双罗纹针，编织终点做下针织下针、上针织上针的伏针收针。

组合 胁部、袖下做挑针缝合。

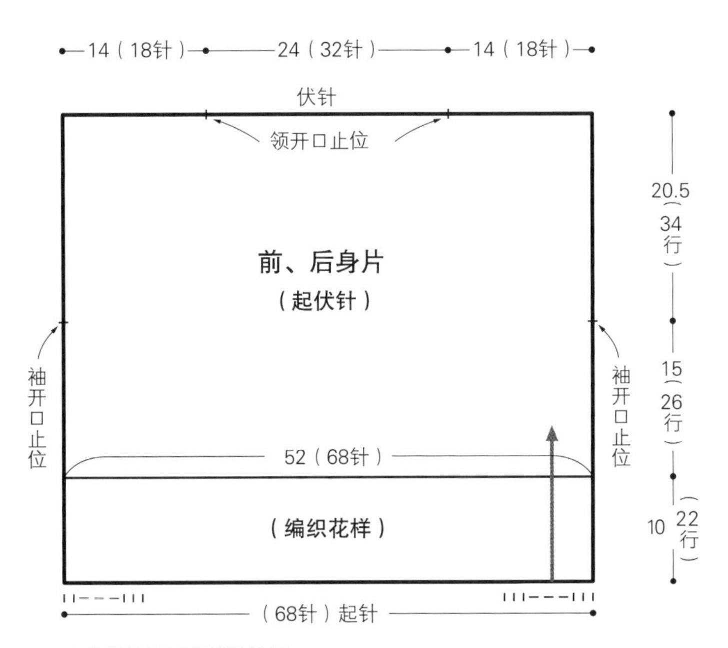

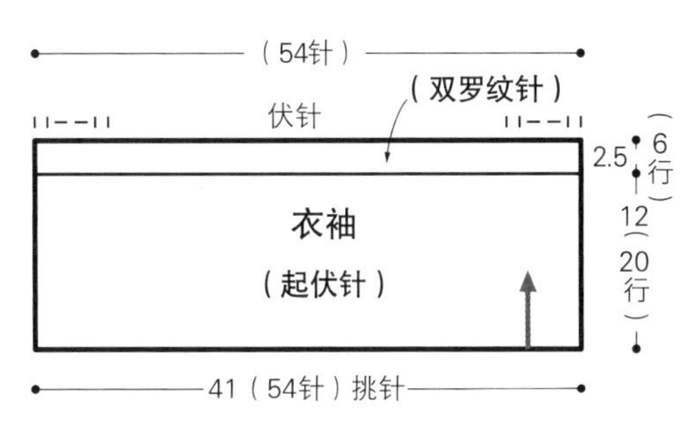

※全部使用15号棒针编织

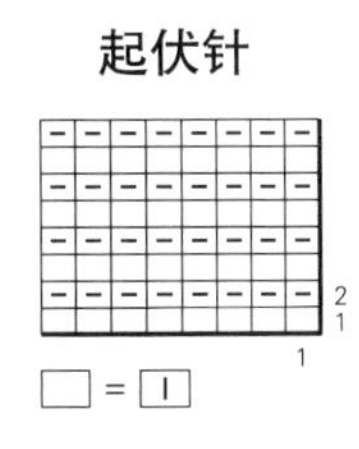

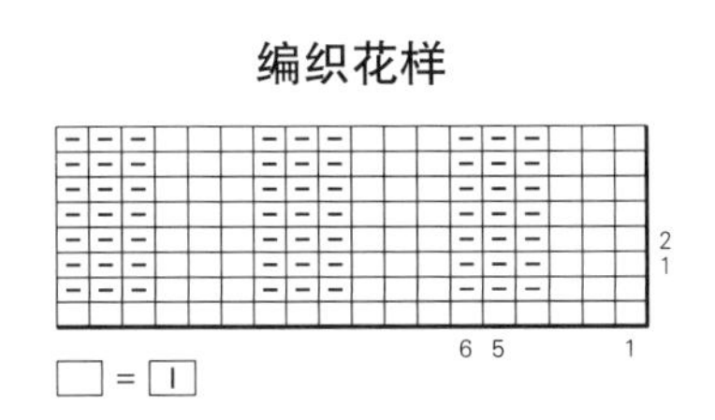

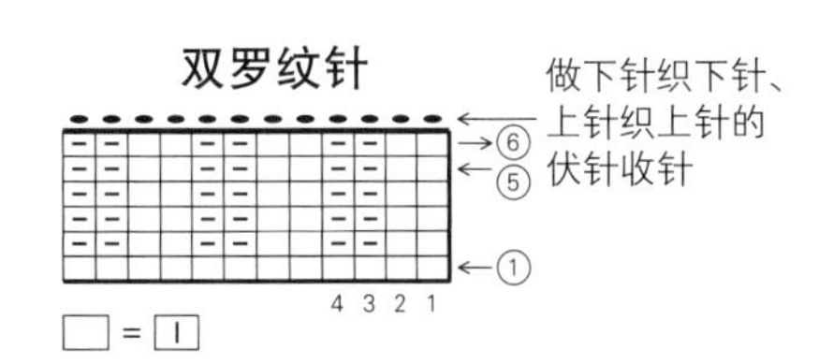

G | 09页

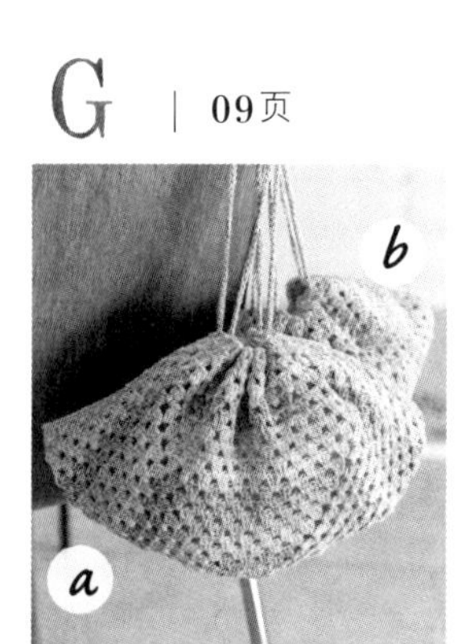

●**材料**

Sympa Douce(粗)

a 橘色(503)35g/1团 灰色(508)30g/1团 蓝色(506)25g/1团

b 粉色(504)35g/1团 驼色(501)30g/1团 紫色(505)25g/1团

●**工具**

钩针 5/0号

●**成品尺寸**

宽 31cm，深 15cm

●**编织密度**

条纹花样 13.5行 10cm

●**编织要点**

主体环形起针，按条纹花样一边加针一边钩织四边形。从包底正面朝外对折主体后，钩织短针缝合两侧边。包绳用双重锁针钩织，从穿绳位置穿过后打结。

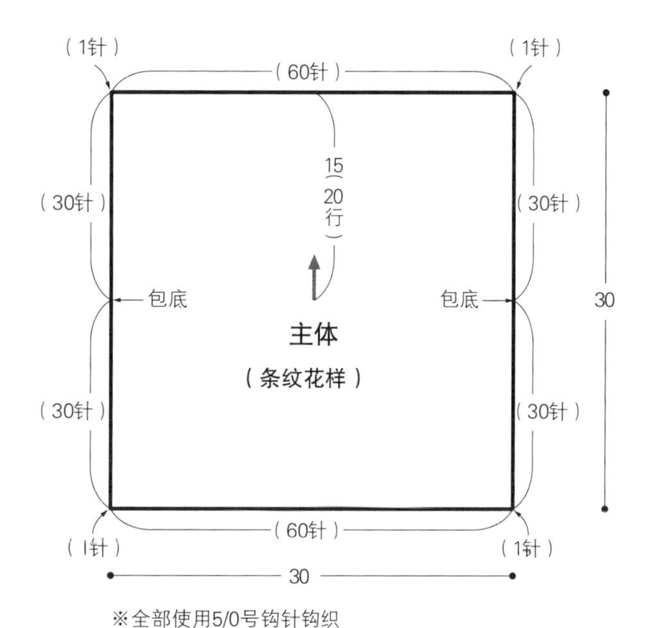

※全部使用5/0号钩针钩织

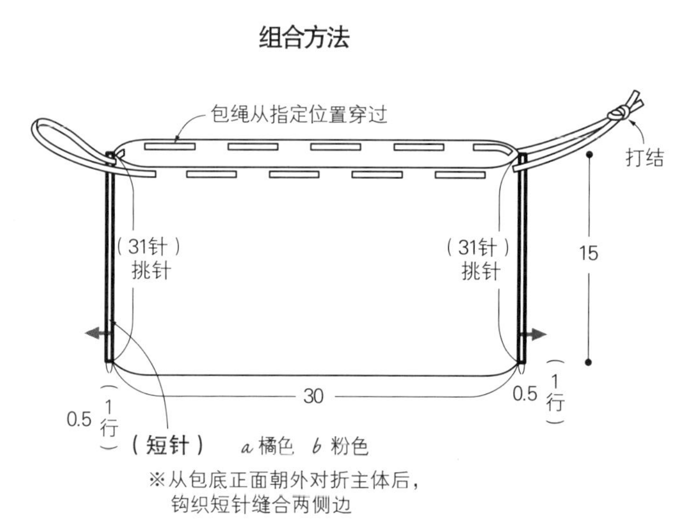

配色表

	a	*b*
——	橘色	粉色
——	灰色	驼色
——	蓝色	紫色

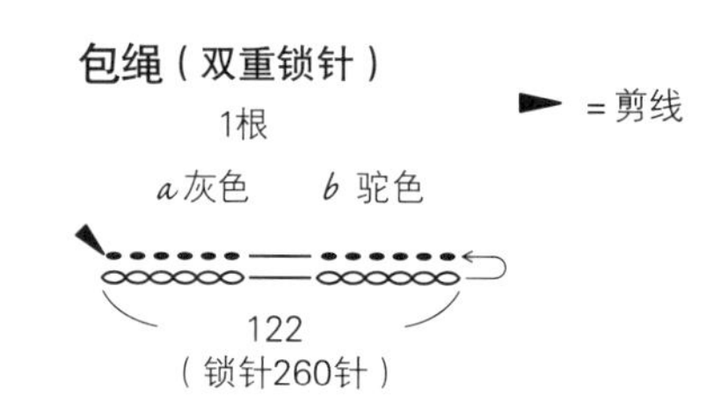

▷ = 加线

▶ = 剪线

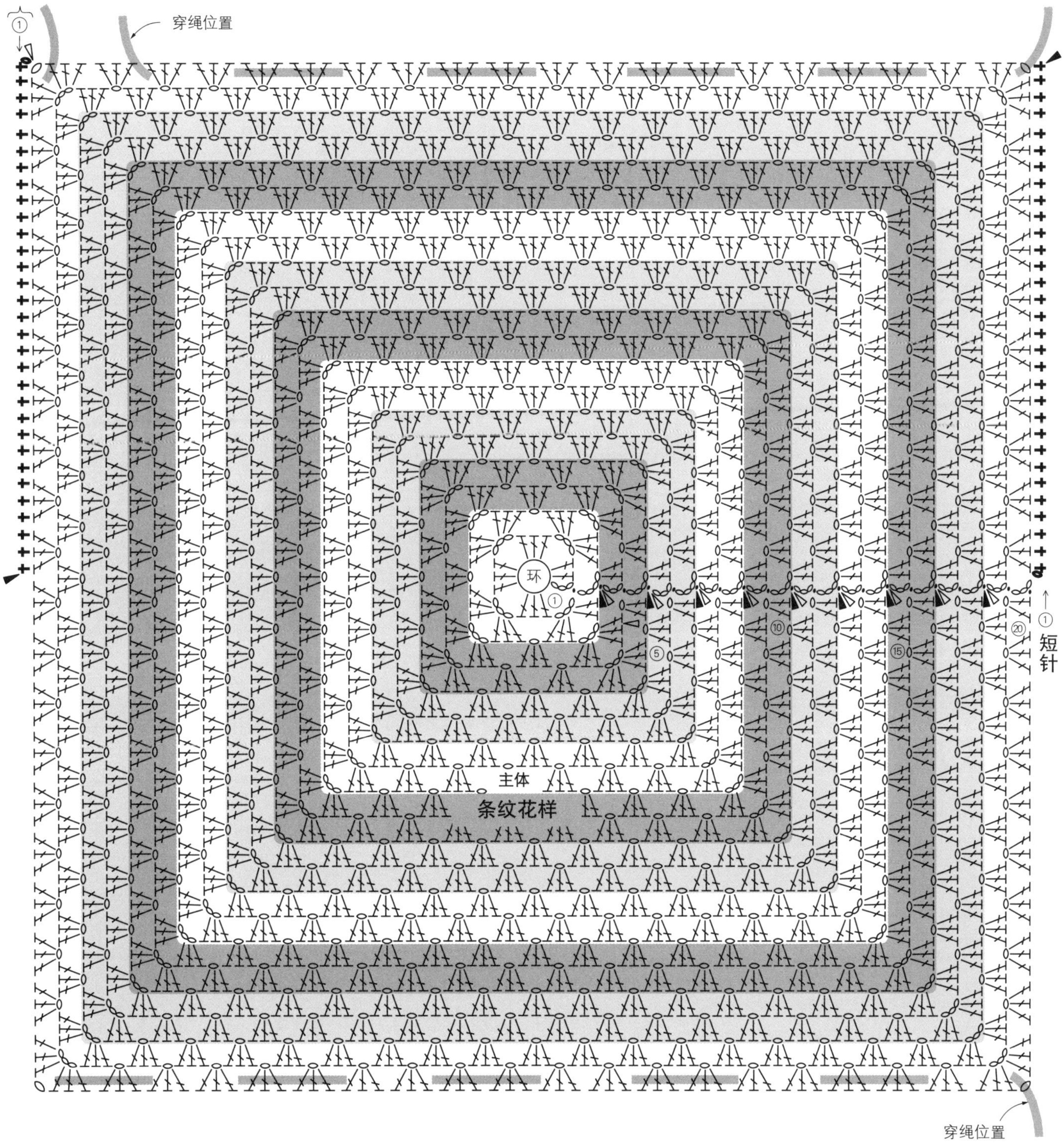

短针

穿绳位置

环

主体

条纹花样

短针

穿绳位置

H ｜10、11页

●材料

Palpito(中粗)橘色系(6657)250g/5团

●工具

棒针8号

●成品尺寸

胸围98cm，衣长46cm，连肩袖长41cm

●编织密度

10cm×10cm面积内：下针编织18针，24行

●编织要点

兜帽 手指挂线起针后，做下针编织。从后中心加针后做往返编织到兜帽开口止位，接着环形编织26行后剪线。

育克 从兜帽底部挑针后，一边加针一边环形做下针编织。

前、后身片 从育克挑针，腋下另线锁针起针，环形做下针编织。最后一行编织上针，做伏针收针。

衣袖 按与身片相同的要领，从育克和前、后身片的腋下(▲、△、■、□)挑针，环形做下针编织。最后一行减针，做伏针收针。

组合 兜帽编织起点行对折，做下针的无缝缝合。

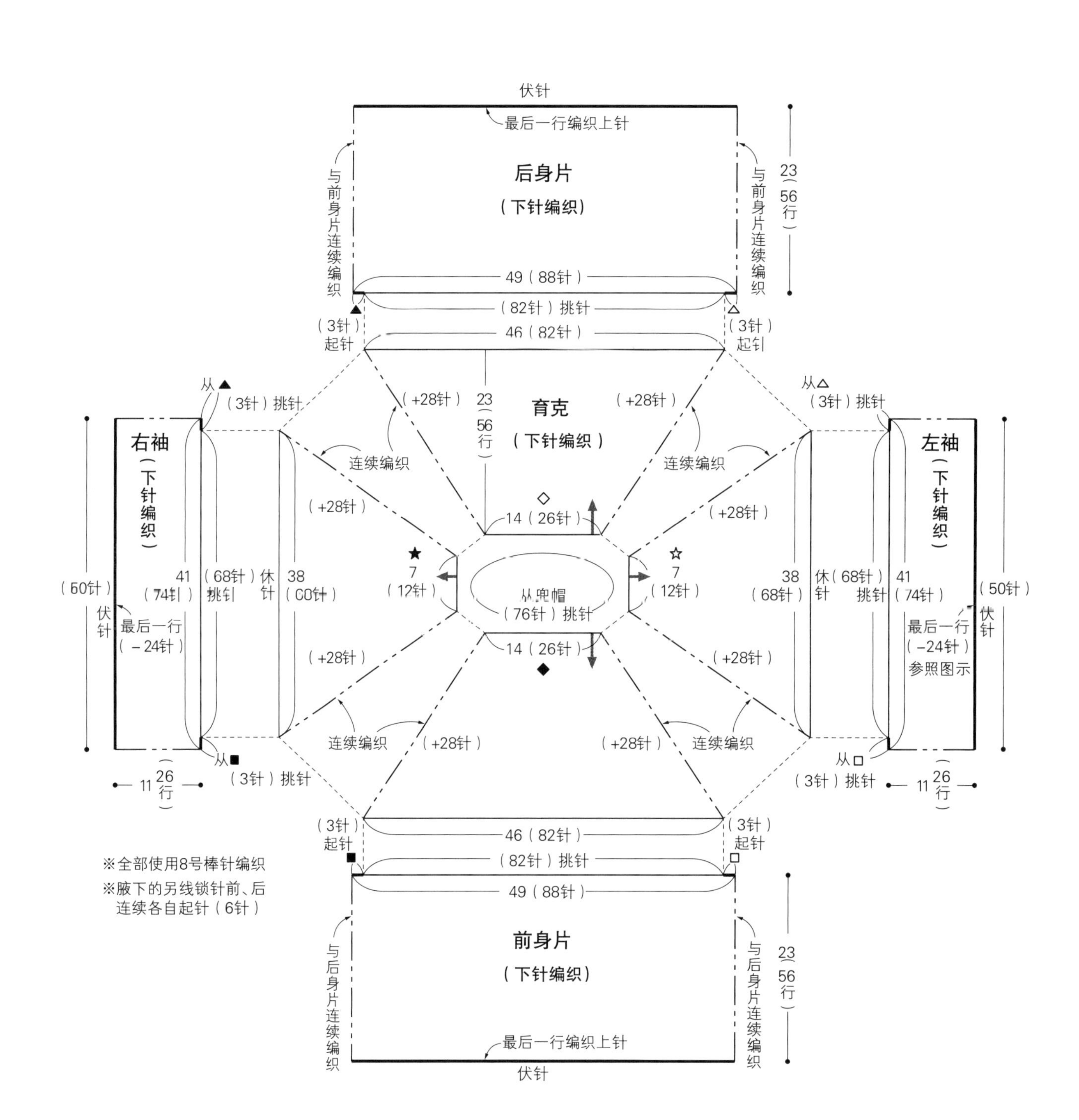

下摆的编织终点

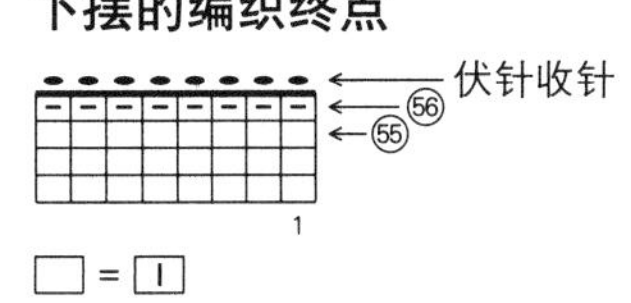

衣袖最后一行的减针

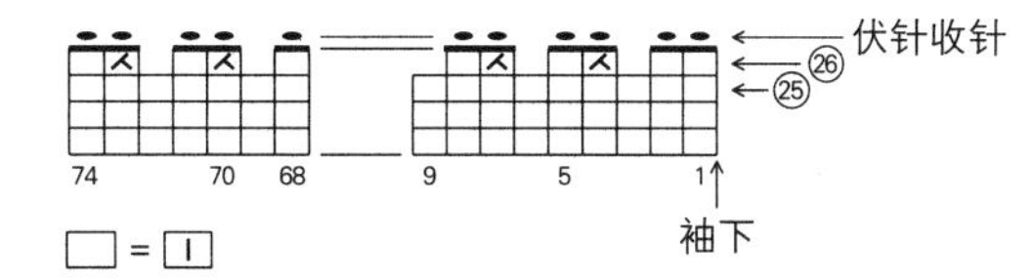

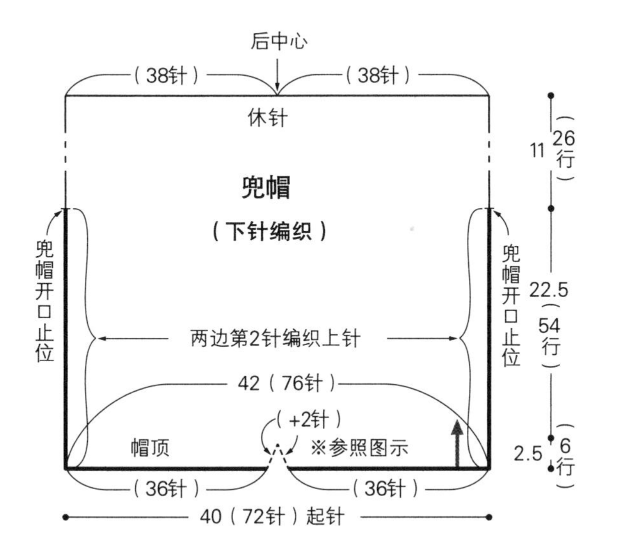

兜帽的加针

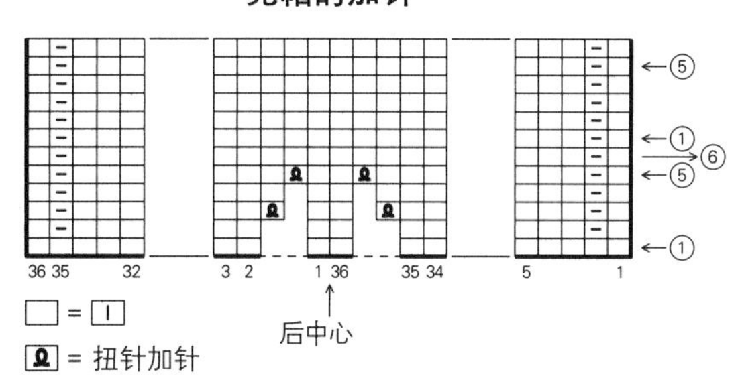

兜帽的组合方法

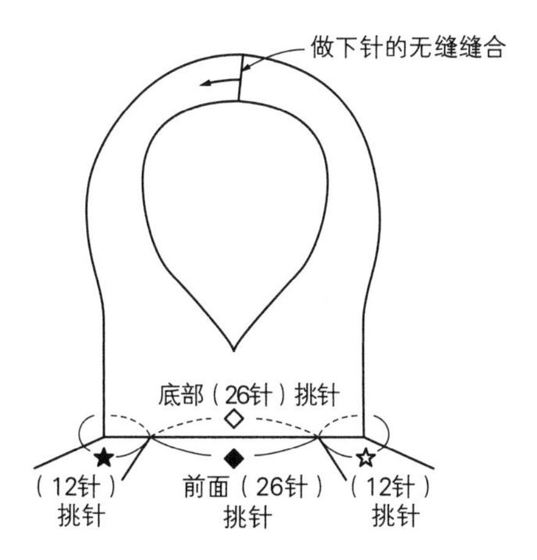

育克的加针

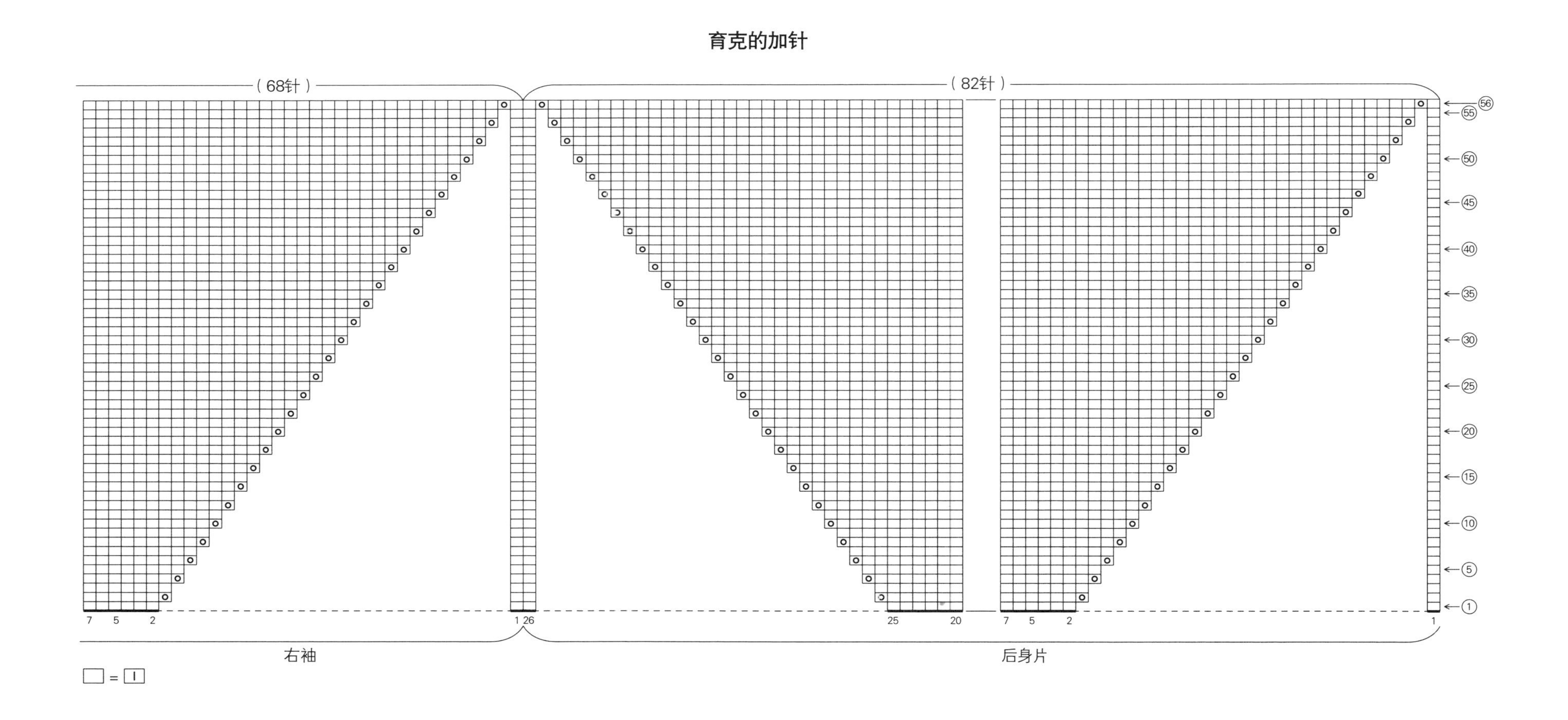

（68针）
（82针）
56
55
50
45
40
35
30
25
20
15
10
5
1
7 5 2
1 26
25 20
7 5 2
1
右袖
后身片
□ = Ⅰ

K | 14、15页

●材料

Pima Basic(粗)浅驼色(601)195g/5团

QUATTRO DÉGRADÉ(中粗)蓝色、绿色、黄色、粉色系多色混纺段染(6)165g/2团

4个直径2.3cm的纽扣

●工具

钩针6/0号

●成品尺寸

胸围104.5cm，衣长46.5cm，连肩袖长45.5cm

●编织密度

10cm×10cm面积内：花片A、编织花样20针10行

花片B 8.5cm×8.5cm

●编织要点

后身片 用线头制作线环起针后，按照花片A钩织。环形钩织至第20行，钩织第21行留出后领窝开口。两肋部按编织花样钩织。

前身片 用和花片A相同的起针方法，按照花片B、B'钩织，做半针的卷针缝缝合花片。

衣袖 肩部做半针的卷针缝。从前、后袖窿挑针，边在袖下减针边按照编织花样、边缘编织A钩织。

组合 用半针的卷针缝缝合肋部，袖下做挑针缝合。下摆按照边缘编织B钩织，接着前门襟、衣领按照边缘编织A钩织。右前门襟钩织扣眼。在左前门襟上缝上纽扣。

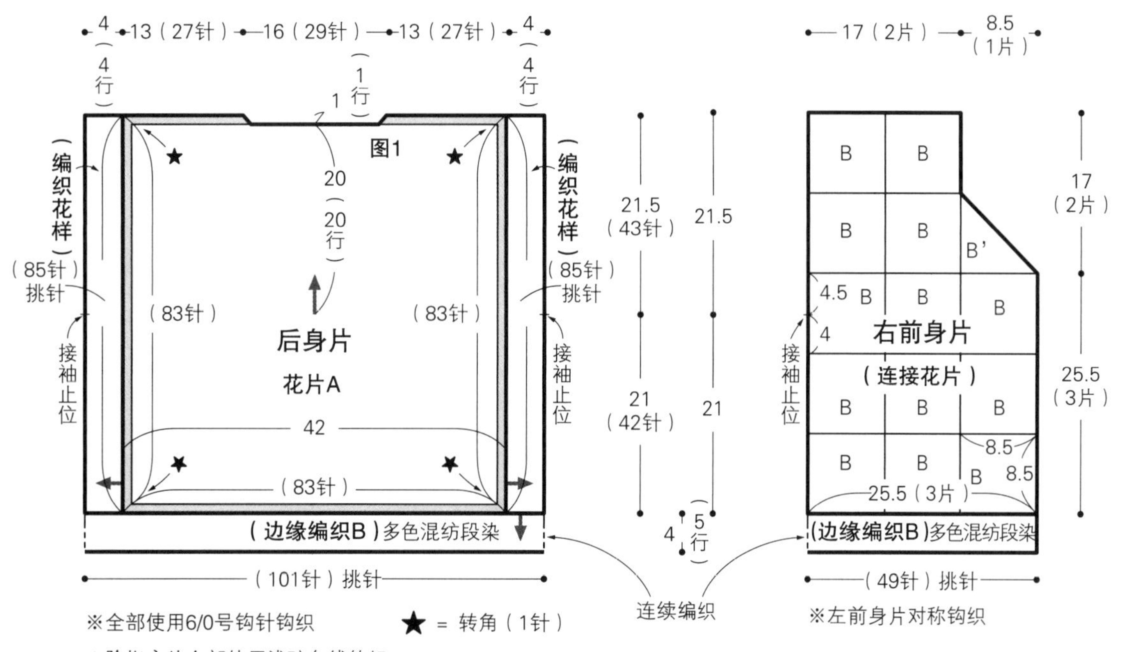

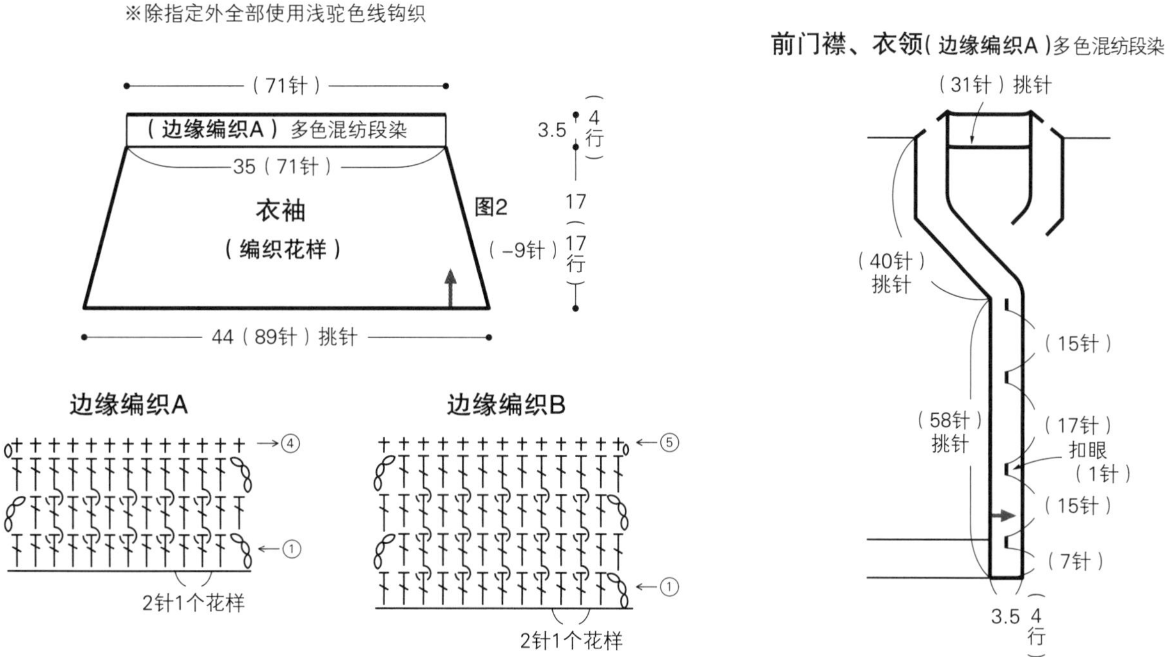

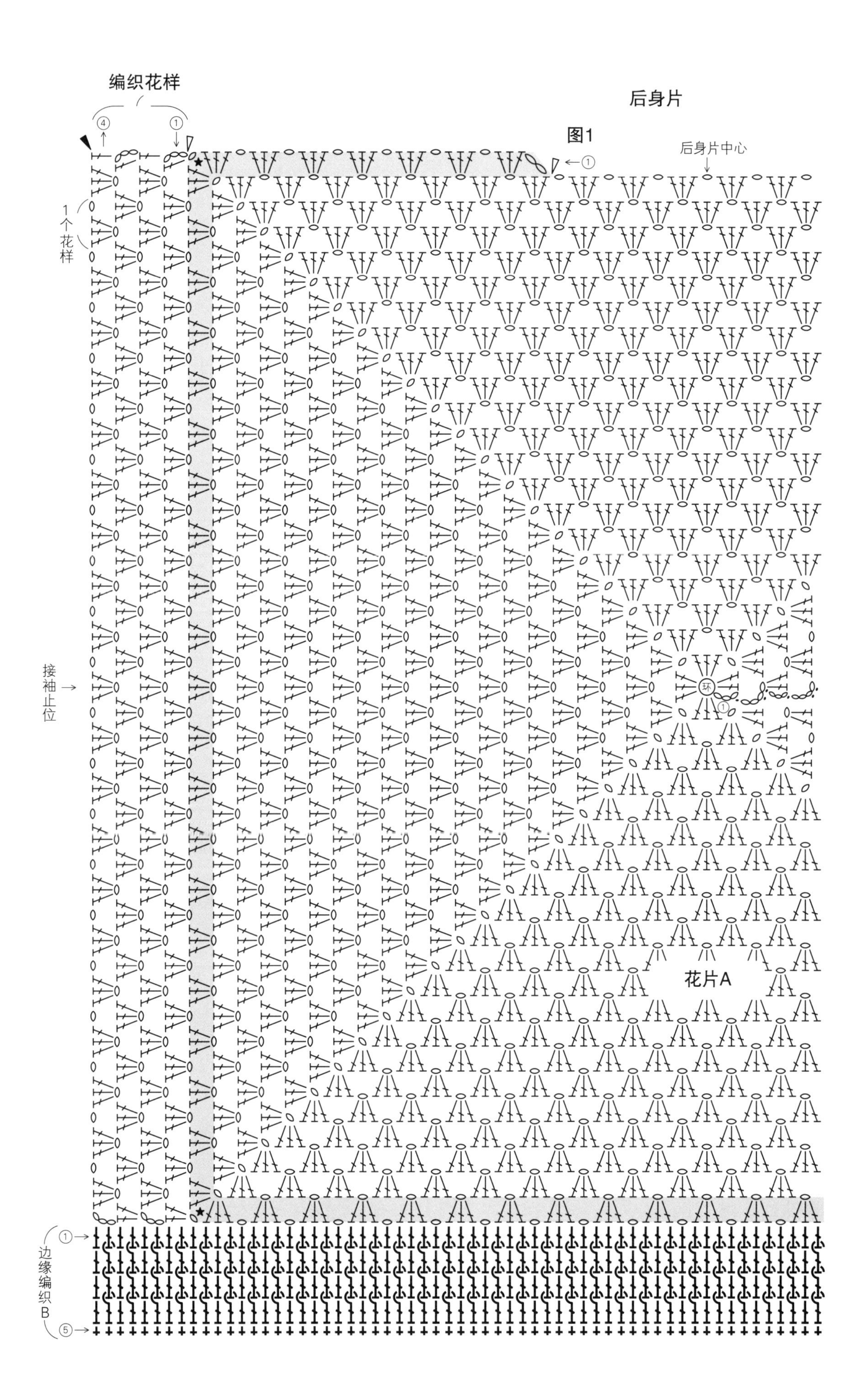
编织花样
后身片
④
①
图1
←①
后身片中心
1个花样
接袖止位→
环
①
花片A
①→
边缘编织B
⑤→

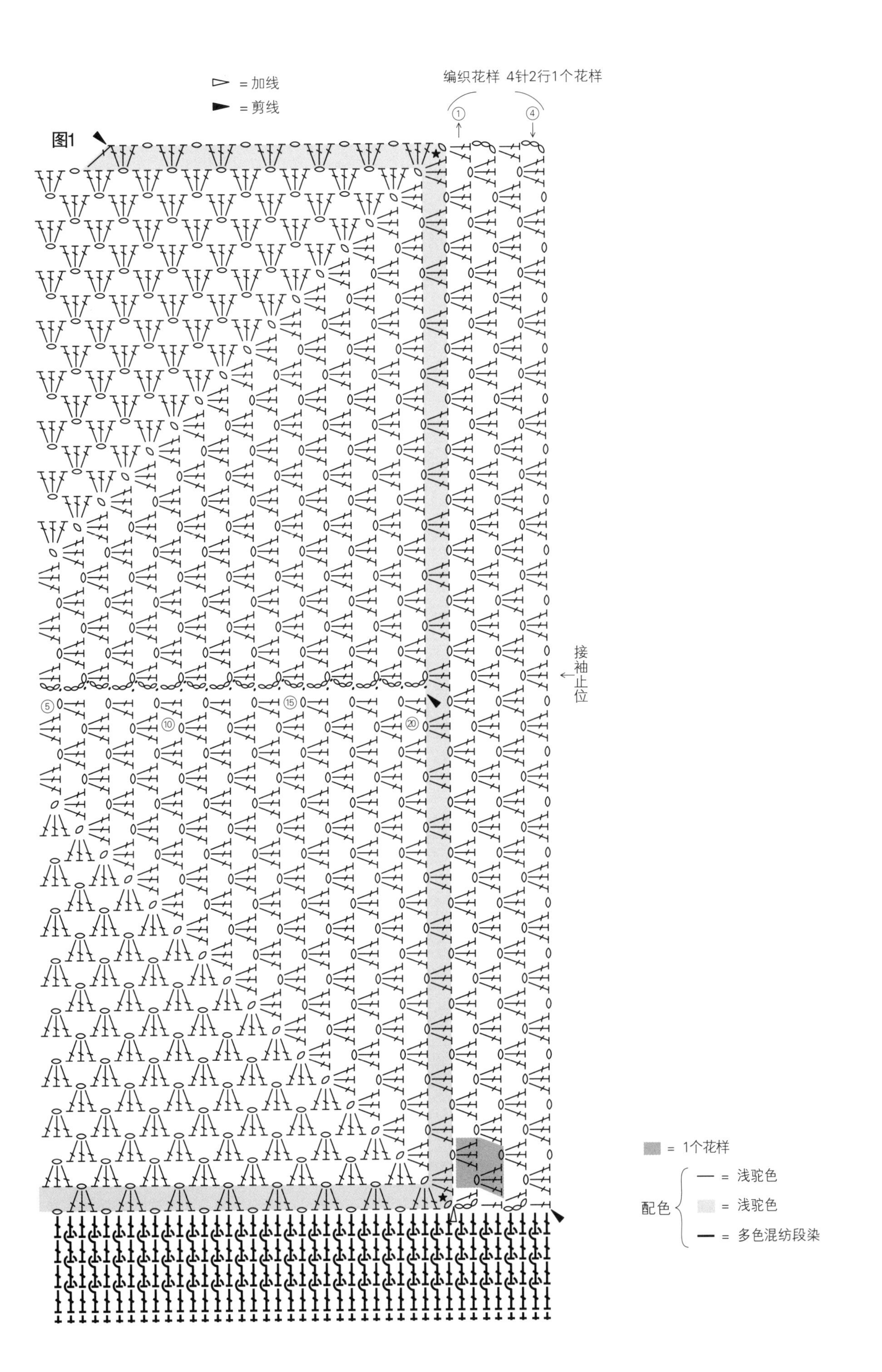

= 加线
= 剪线
图1
编织花样 4针2行1个花样
①
④
接袖止位
⑤
⑩
⑮
⑳
= 1个花样
配色
= 浅驼色
= 浅驼色
= 多色混纺段染

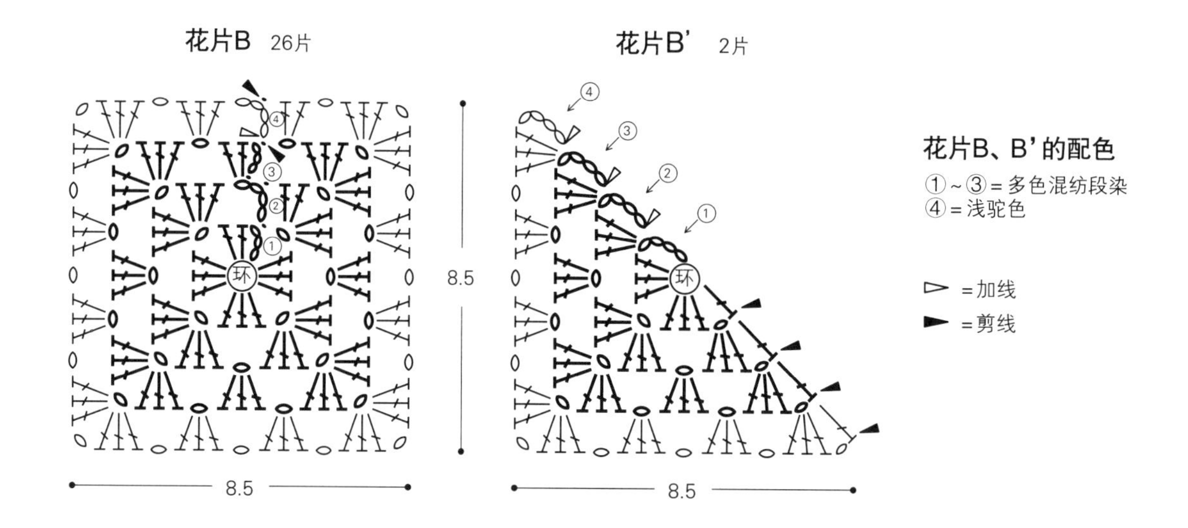

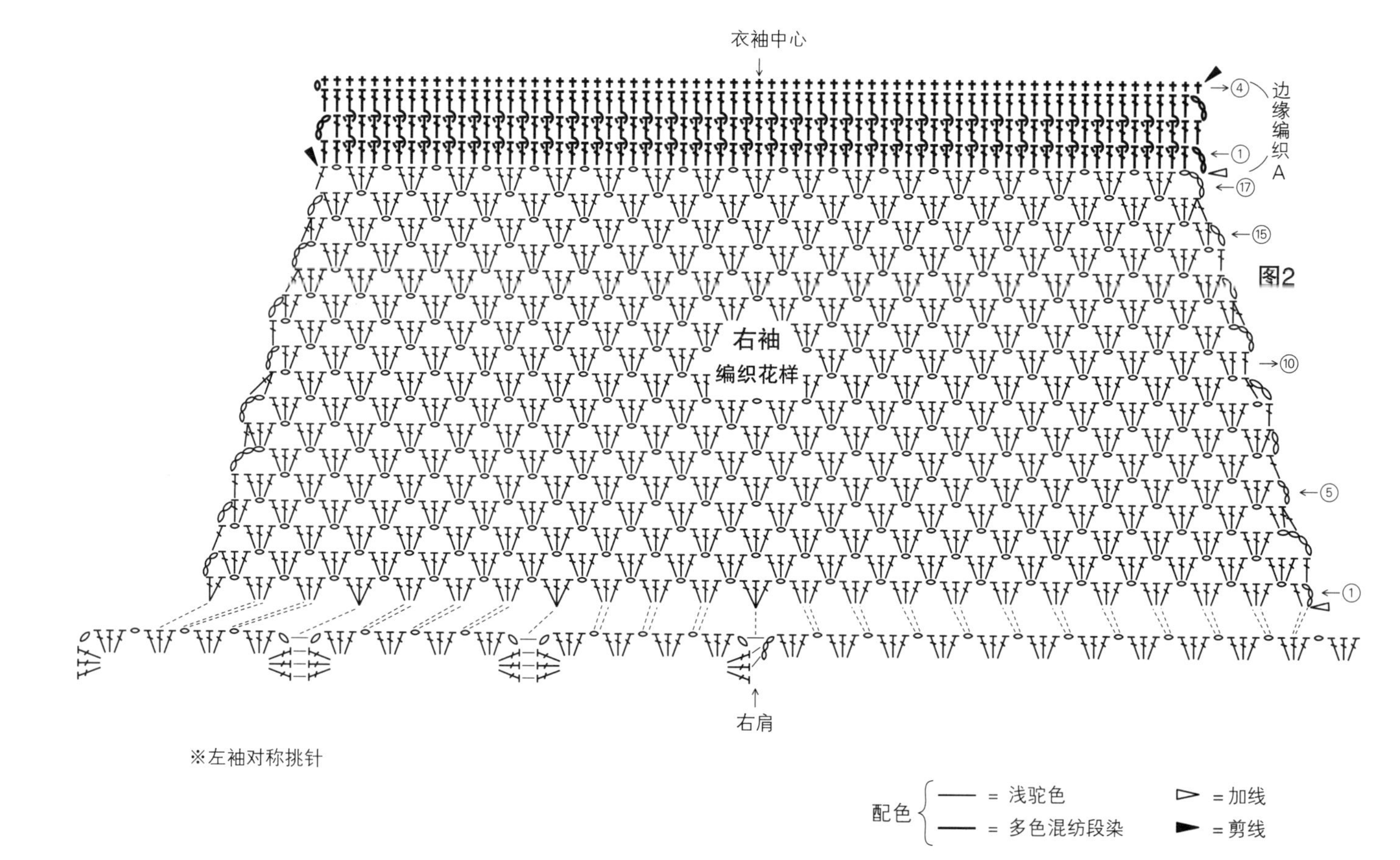

※左袖对称挑针

配色 —— = 浅驼色
—— = 多色混纺段染
= 加线
= 剪线

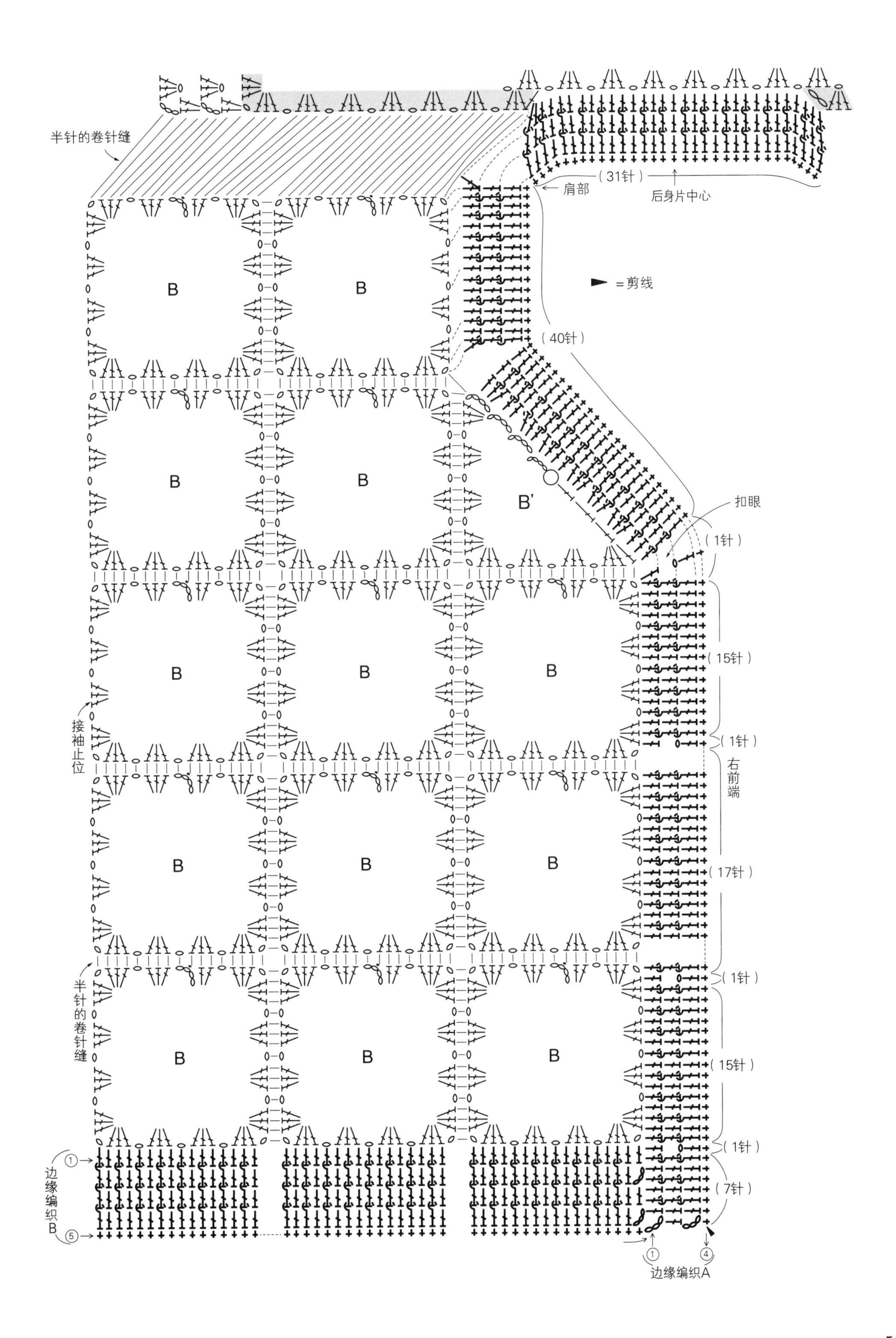

半针的卷针缝
(31针)
肩部
后身片中心
= 剪线
(40针)
B
B
B
B
B'
扣眼
(1针)
B
B
B
(15针)
(1针)
右前端
接袖止位
B
B
B
(17针)
(1针)
半针的卷针缝
B
B
B
(15针)
(1针)
(7针)
边缘编织B
①
⑤
①
④
边缘编织A

I | 12页

●材料

Astro(中细)金色(508)150g/6团

●工具

钩针 5/0号

●成品尺寸

胸围 90cm，衣长 45cm，连肩袖长 34.5cm

●编织密度

1片花片边长 45cm

10cm×10cm面积内：方眼编织 10格，10行

●编织要点

前、后身片　钩织2片花片。花片锁针环形起针后，参照图示钩织。

衣袖　肩部、胁部钩织“1针引拔针，3针锁针”接合，从前、后袖窿挑针，按方眼编织环形钩织衣袖。

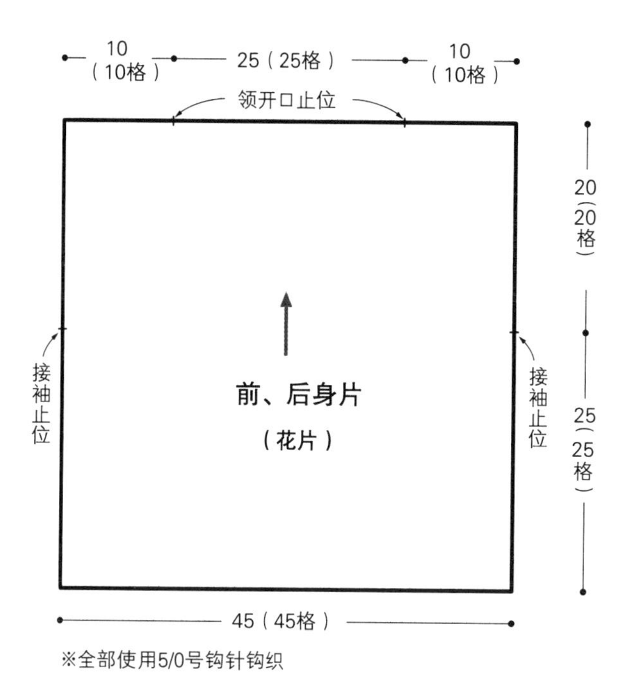

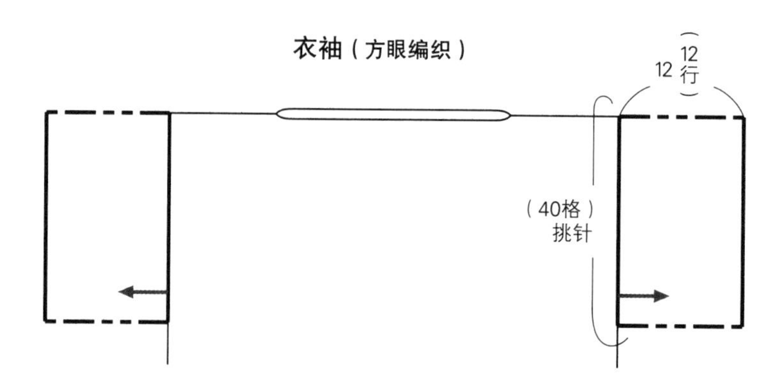

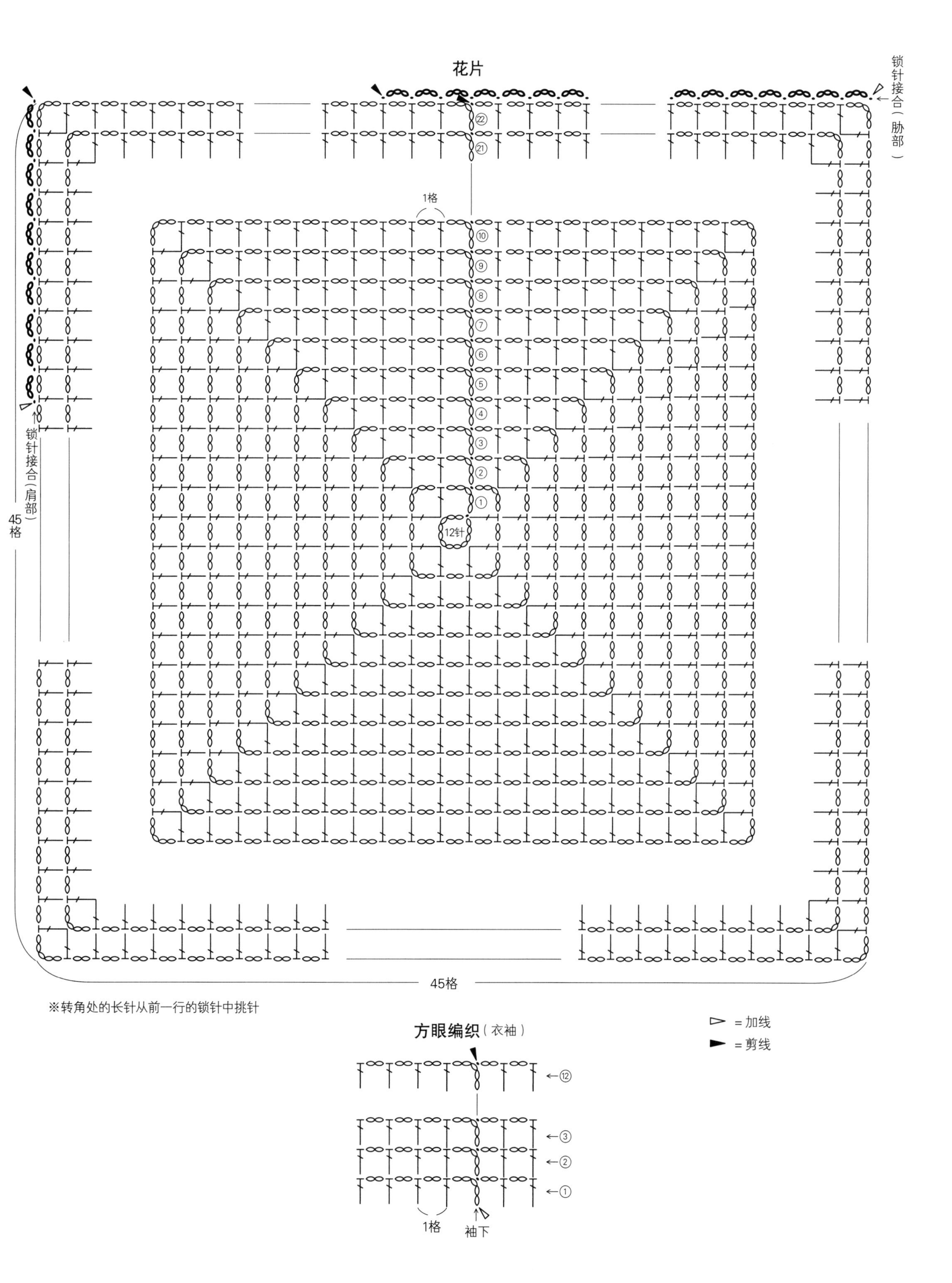
花片
锁针接合（胁部）
锁针接合（肩部）
1格
12针
45格
45格
※转角处的长针从前一行的锁针中挑针
方眼编织（衣袖）
= 加线
= 剪线
1格
袖下

J ｜13页

●材料

a Nuvola（中粗）红色（406）70g/2团
Astro（中细）红色系（505）50g/2团
b Nuvola（中粗）浅驼色（402）70g/2团
Astro（中细）金色（508）50g/2团

●工具

钩针 9/0号

●成品尺寸

宽 25.5cm，深 19.5cm

●编织密度

10cm×10cm面积内：变化的引拔针 15.5针，14.5行

●编织要点

Nuvola和Astro双线钩织。锁针起针后，按变化的引拔针钩织。从包底正面朝外对折主体后，做半针的卷针缝缝合两侧边。提手和提手环对齐相同标记，做下针的无缝缝合。

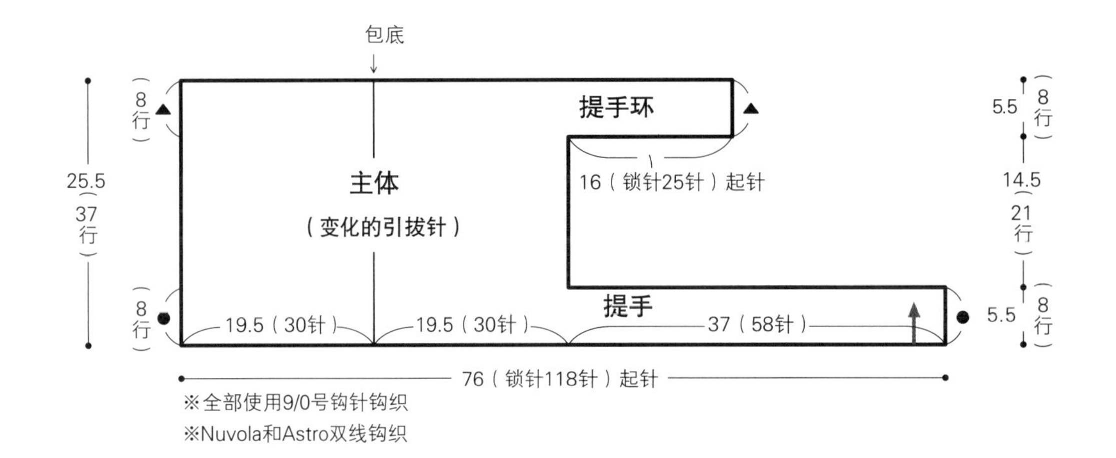

※全部使用9/0号钩针钩织
※Nuvola和Astro双线钩织

编织终点

变化的引拔针

编织起点

= 从后向前在钩针上挂线，从前一行针目的头部的后面半针入针，挂线后引拔穿过3个线圈

组合方法

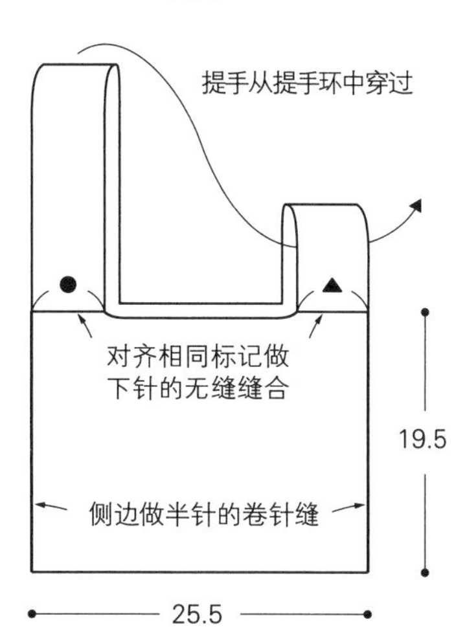

变化的引拔针的编织方法（）

<第 1行>

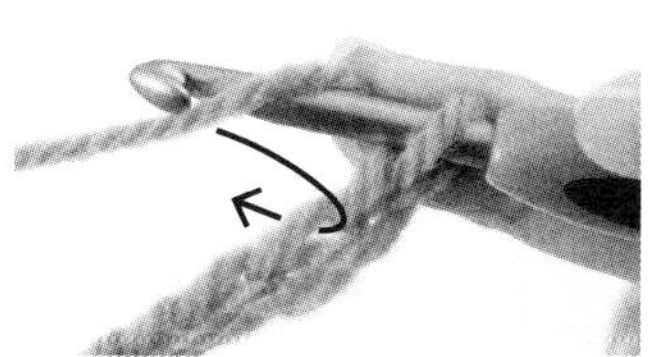

1 钩针挂线，按照箭头方向入针。

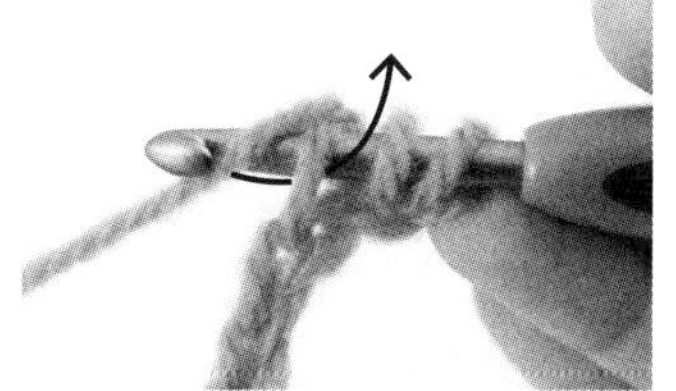

2 挂线后拉出。

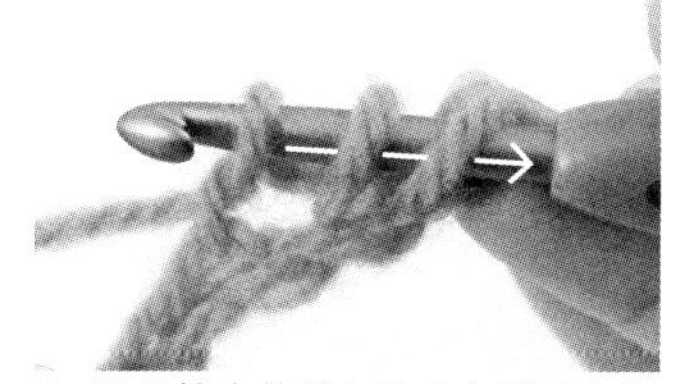

3 再从挂在钩针上的 2 个线圈中拉出。

4 钩织完 1 针。重复步骤 1～3 。

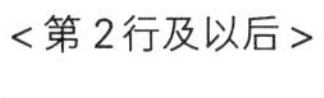

<第 2行及以后>

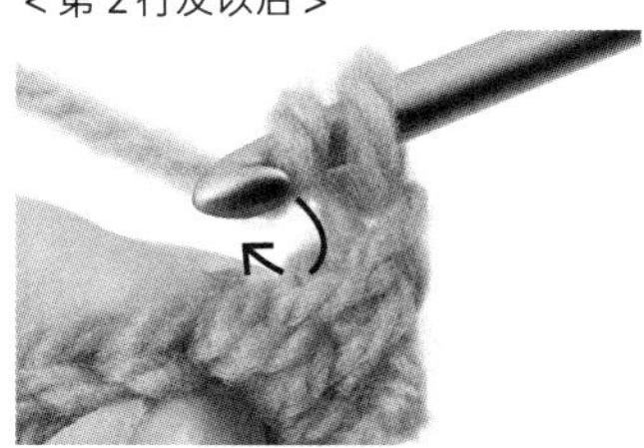

5 钩针挂线，从前一行针目的头部的后面半针入针。

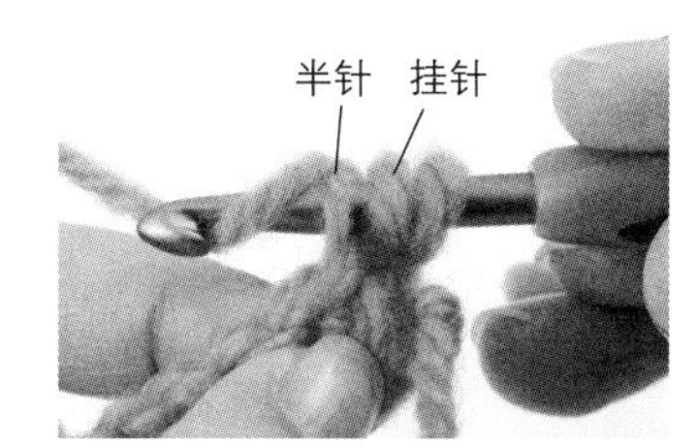

6 挂线后拉出。

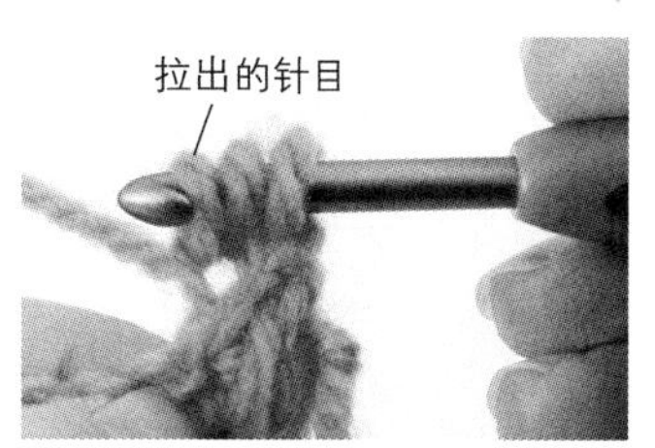

7 和步骤 3 同样拉出。

8 钩织完 1 针。重复步骤 5～7。

9 钩织到第 5 行。重复步骤至指定行数。

L　|16、17页

●**材料**

Sympa Douce(粗)灰色(508)235g/6团

●**工具**

棒针9号

●**成品尺寸**

胸围100cm，衣长59cm，连肩袖长50cm

●**编织密度**

10cm×10cm面积内：编织花样A16.5针，22行

●**编织要点**

后身片　手指挂线起针后，下摆做上针编织，接着按编织花样A编织到肩部。在接袖止位用线头做标记，肩部、领窝的针目做休针处理。

前身片　用和后身片相同的方法起针后，按照上针编织、编织花样A、编织花样B编织。肩部的针目做休针处理，接着编织后衣领。

衣袖　肩部将前、后身片正面相对做盖针接合。从前、后袖窿挑针，按上针编织、编织花样A编织。袖下两边第2针和第3针做2针并1针，编织终点从反面做伏针收针。

组合　挑针缝合胁部和袖下。后衣领左、右的编织终点做下针的无缝缝合后，和后领窝做针与行的接合。

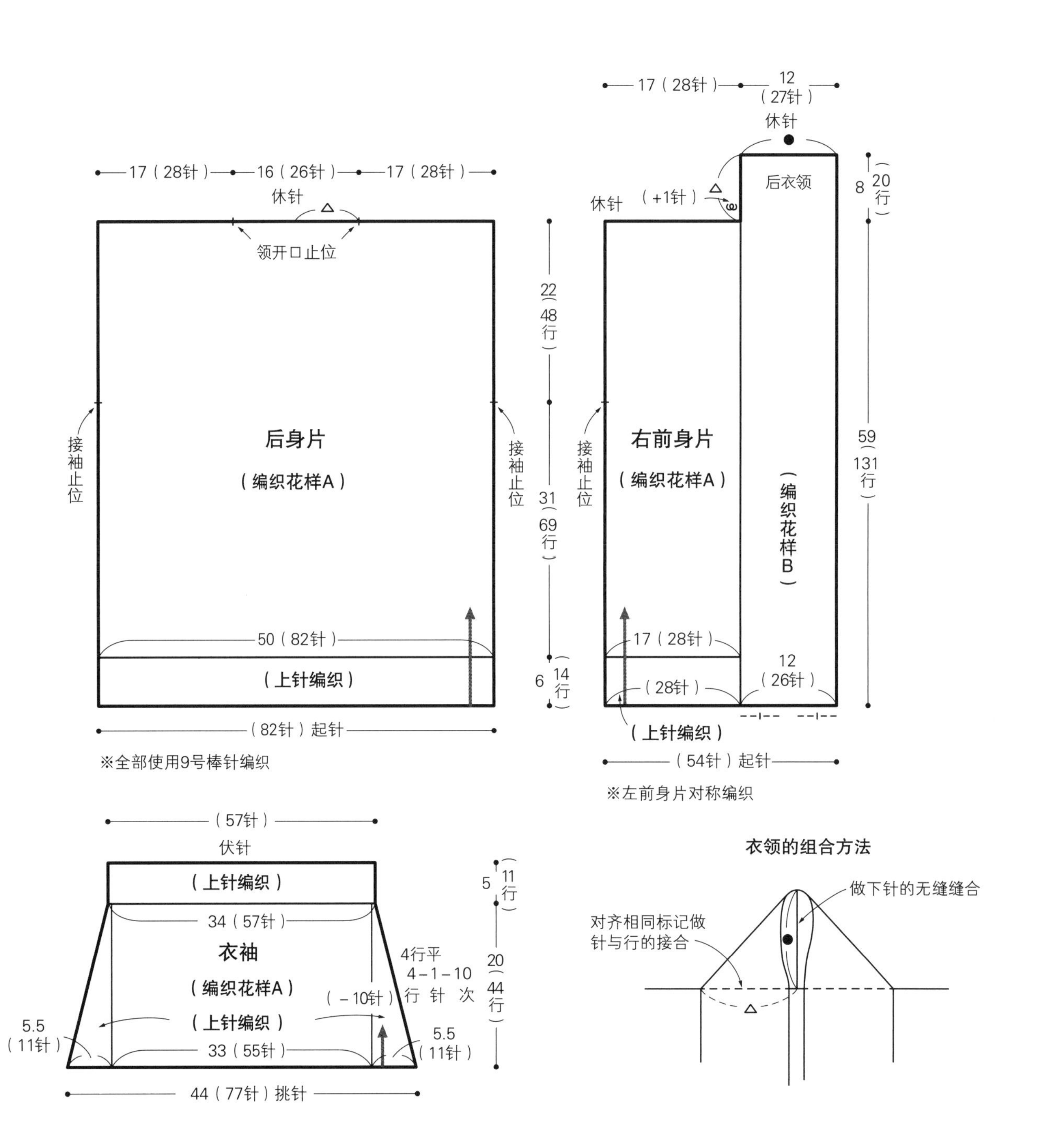

编织花样A

9针12行1个花样

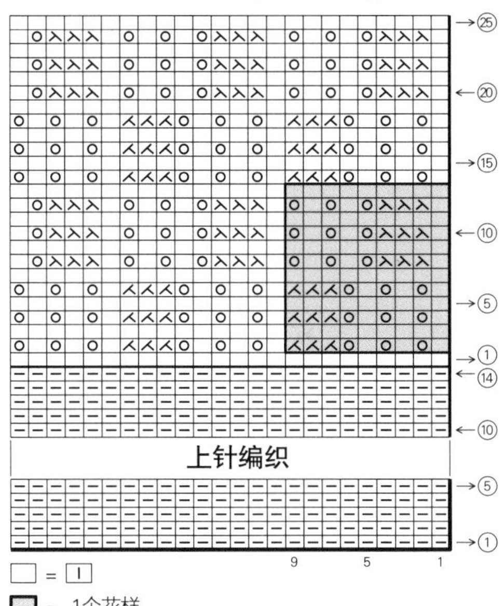

编织花样B

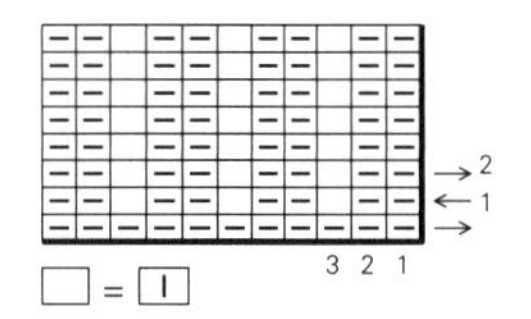

衣袖的编织方法

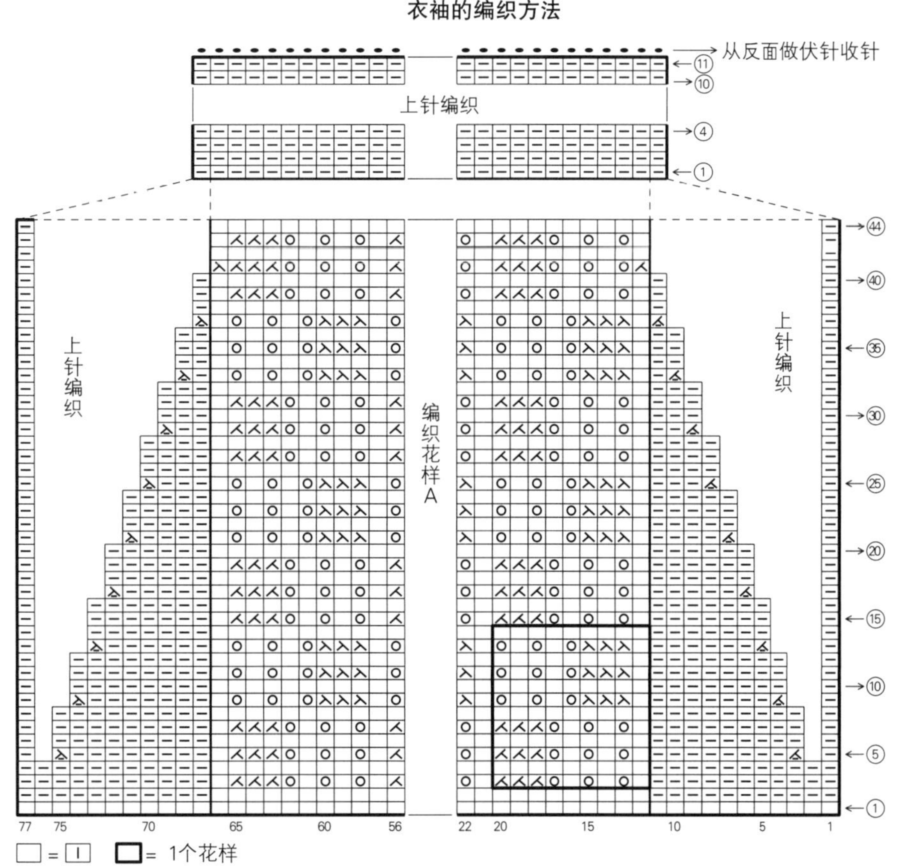

N | 19页

●材料

Ricordo(粗)紫色系多色混纺(606)190g/5团

●工具

棒针9号

●成品尺寸

胸围100cm，衣长57cm，连肩袖长28cm

●编织密度

10cm×10cm面积内：编织花样18针，26行

●编织要点

前、后身片 手指挂线起针后，按照编织花样编织。在袖开口止位用线头做标记，领窝做伏针减针和立起侧边1针的减针，肩部的针目做休针处理。

组合 肩部将前、后身片正面相对做盖针接合。挑针缝合胁部。从身片挑针，衣领、袖口按单罗纹针环形编织，编织终点做下针织下针、上针织上针的伏针收针。

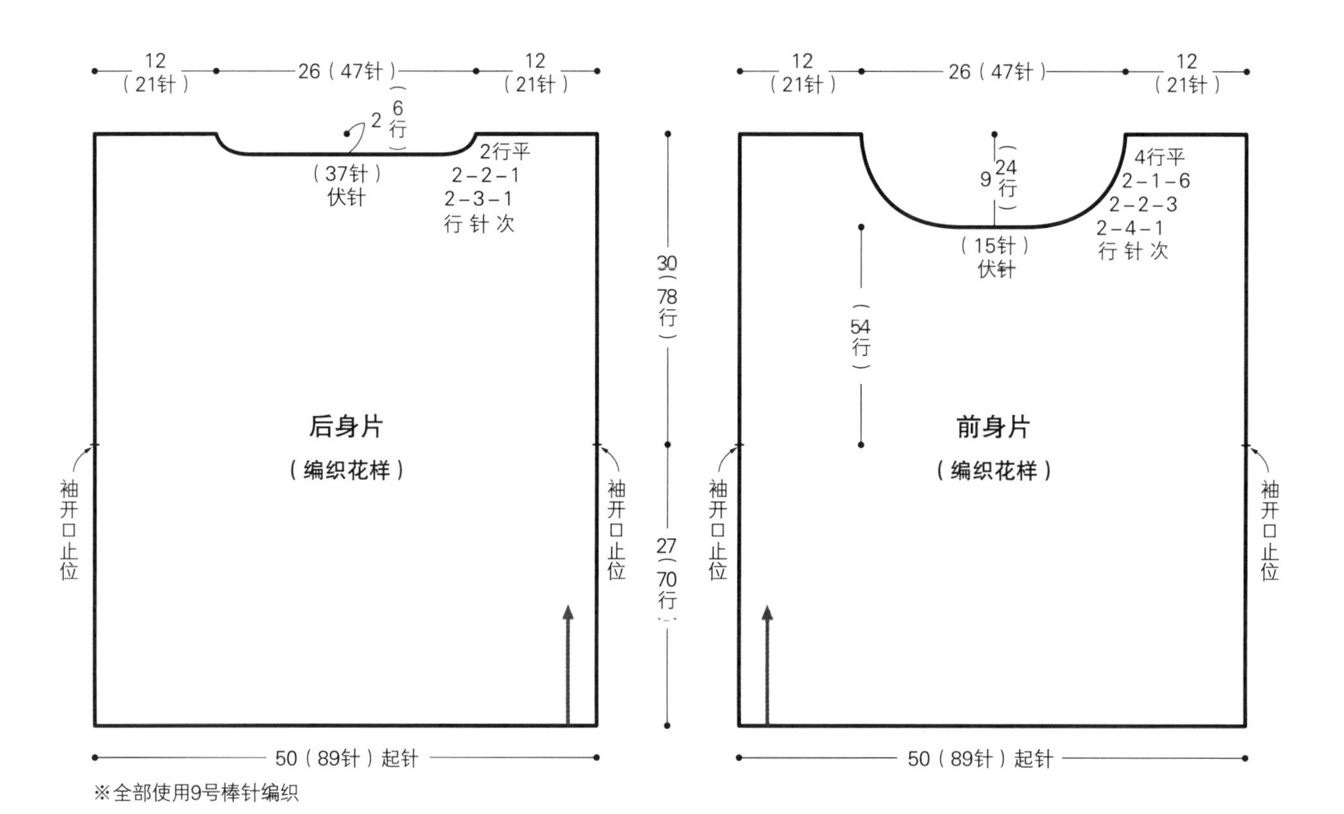

※全部使用9号棒针编织

衣领、袖口(单罗纹针)

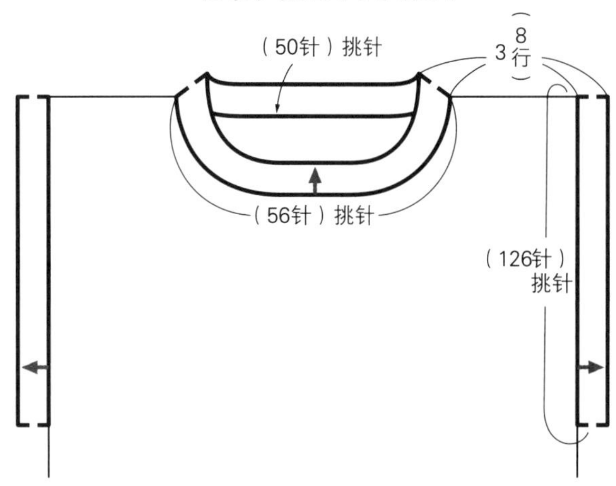

单罗纹针

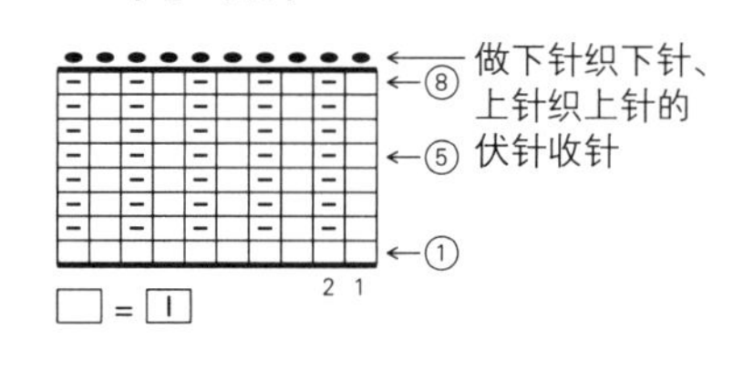

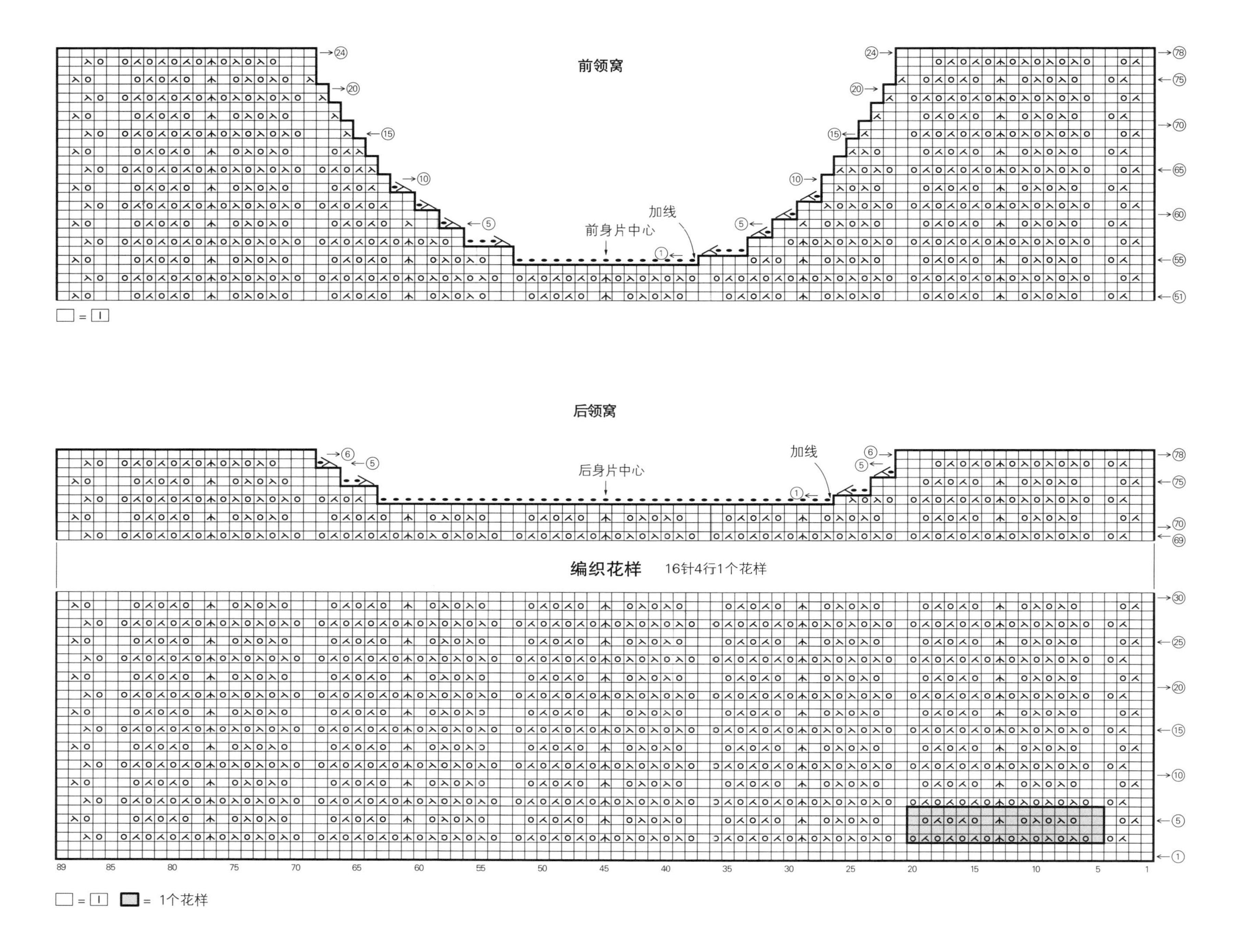

前领窝
前身片中心
加线
后领窝
后身片中心
加线
编织花样 16针4行1个花样
= 1个花样

O | 20页

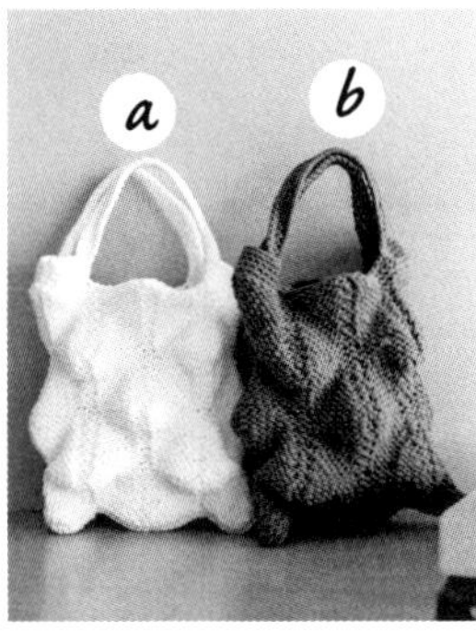

●材料

Nuvola(中粗)

a 白色(401)45g/1团

b 灰褐色(412)45g/1团

●工具

棒针10号，钩针6/0号

●成品尺寸

宽17cm，深20.5cm

●编织密度

10cm×10cm面积内：编织花样22针，25行

●编织要点

手指挂线起针后，侧面按编织花样无须加、减针编织，编织终点做伏针收针。编织2片侧面。把侧面反面(上针侧)朝外用作正面，2片侧面正面相对引拔缝合包底，挑针缝合侧边。包口钩织短针。提手在短针的第2行锁针起针后，连着包口钩织。

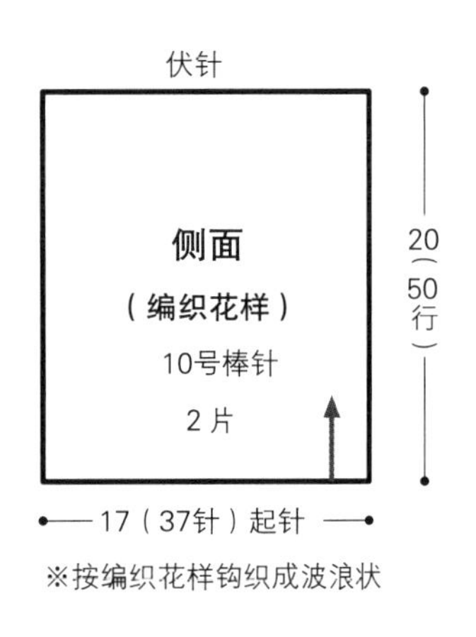

组合方法

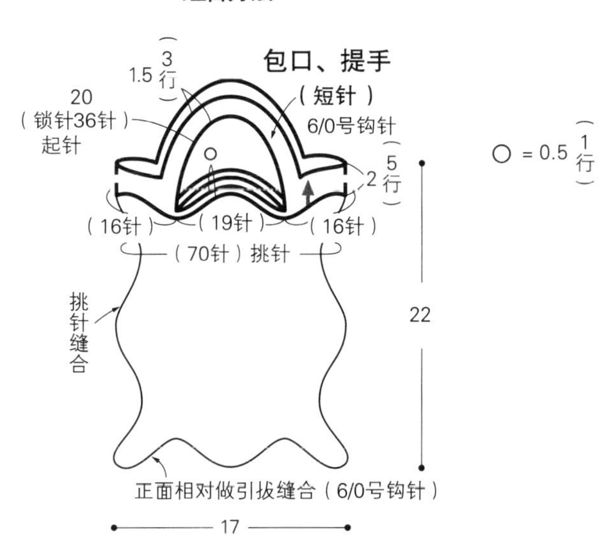

包口、提手

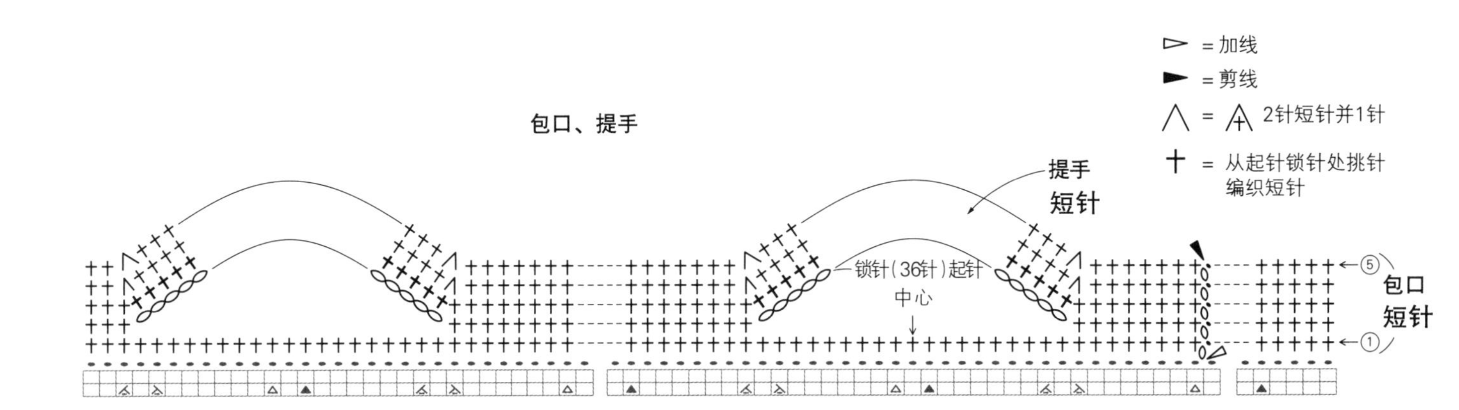

编织花样　18针24行1个花样

※反面（上针侧）朝外用作正面

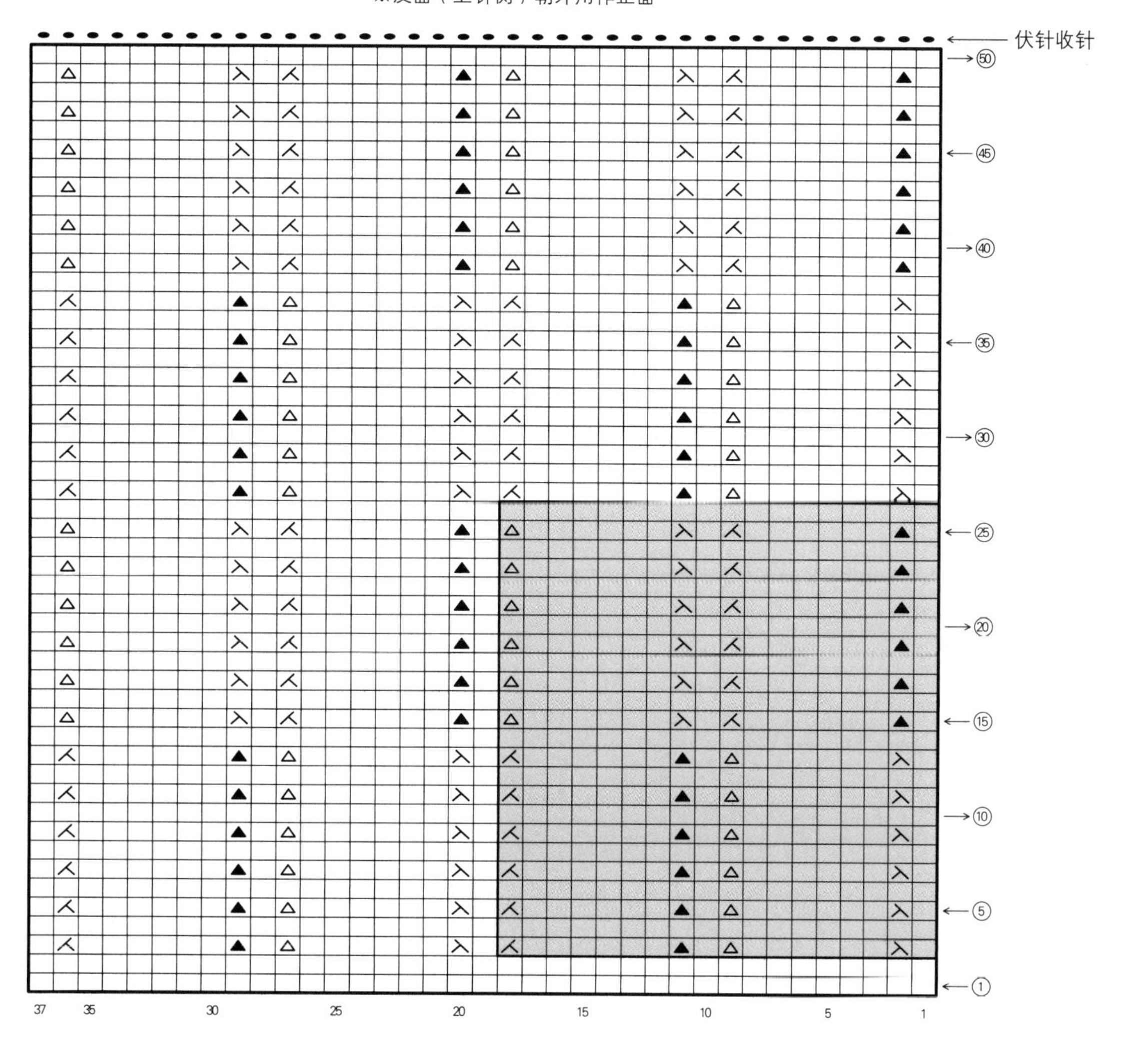

□ = 丨

△ = 右扭加针

▲ = 左扭加针

■ = 1个花样

左、右扭加针

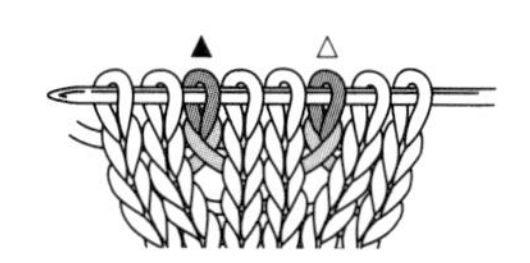

▲左扭加针
（向左扭转）

△右扭加针
（向右扭转）

P | 21页

●材料

Foch(粗)深棕色(819)250g/7团

●工具

棒针6号

●成品尺寸

胸围102cm，衣长51cm，连肩袖长54cm

●编织密度

10cm×10cm面积内：编织花样20针，24行

●编织要点

前、后身片 手指挂线起针后，下摆按双罗纹针编织，接着按编织花样编织至肩部。在接袖止位用线头做标记。后领窝做伏针。前领窝休针，做伏针减针和立起侧边1针的减针。肩部的针目做休针处理。

衣袖 肩部将前、后身片正面相对做盖针接合。从前、后袖窿挑针，无须加、减针按编织花样编织。接着在双罗纹针第1行减针。编织终点做下针织下针、上针织上针的伏针收针。

组合 领口环形编织双罗纹针，编织终点做下针织下针、上针织上针的伏针收针。挑针缝合胁部和袖下。

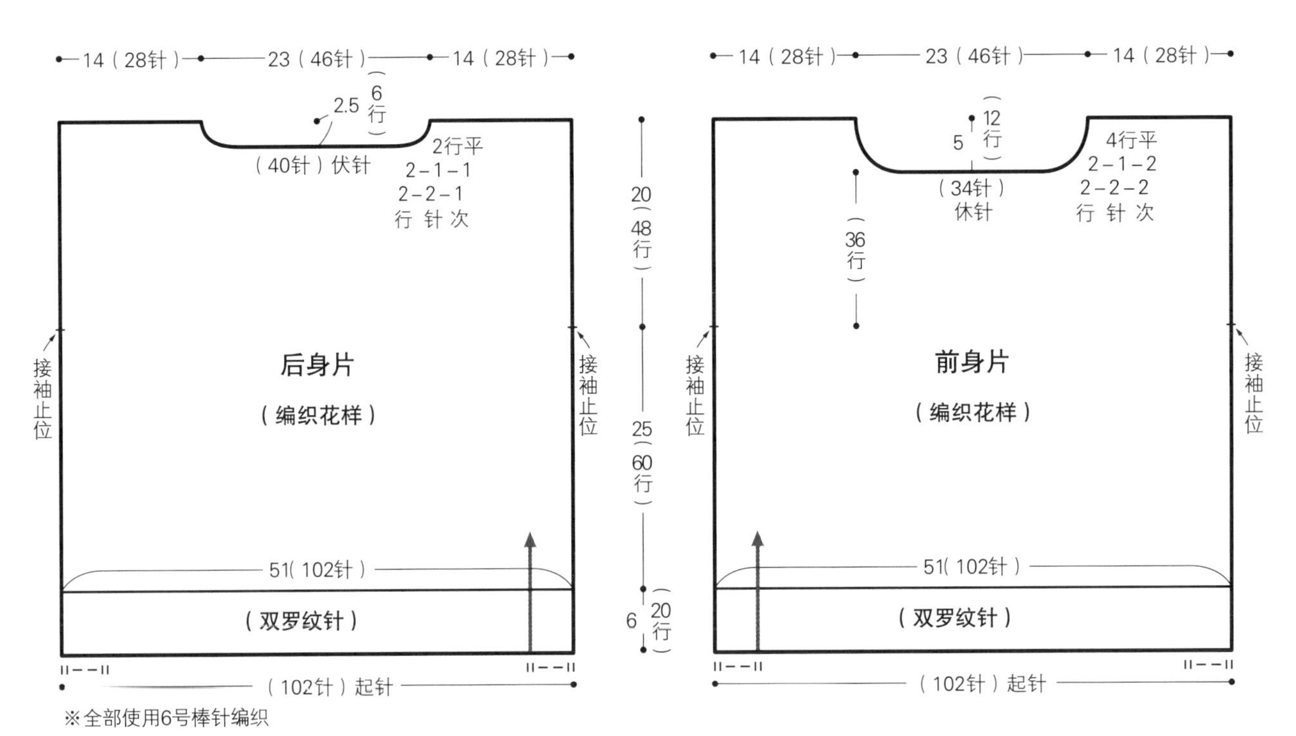

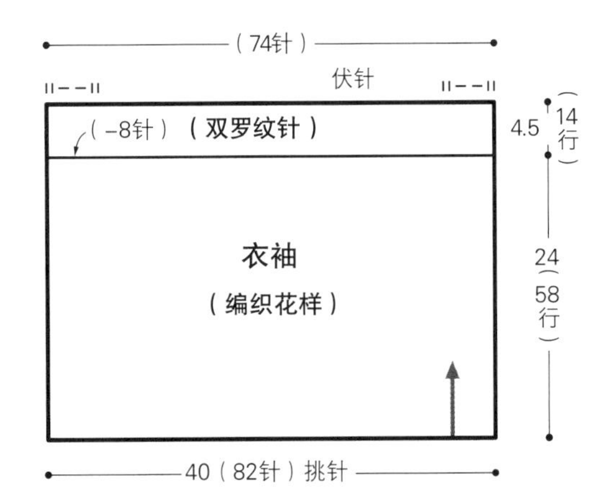

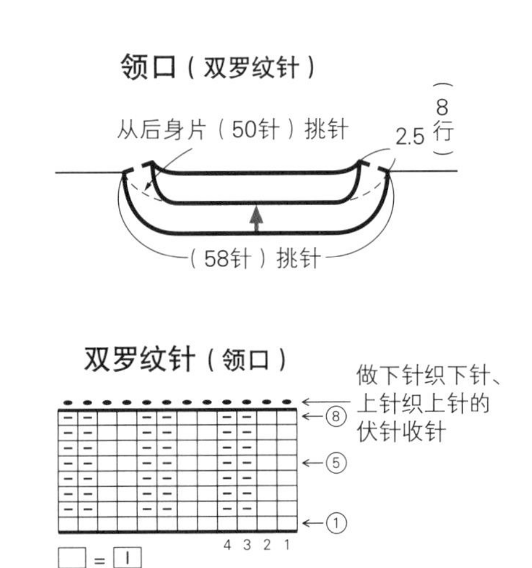

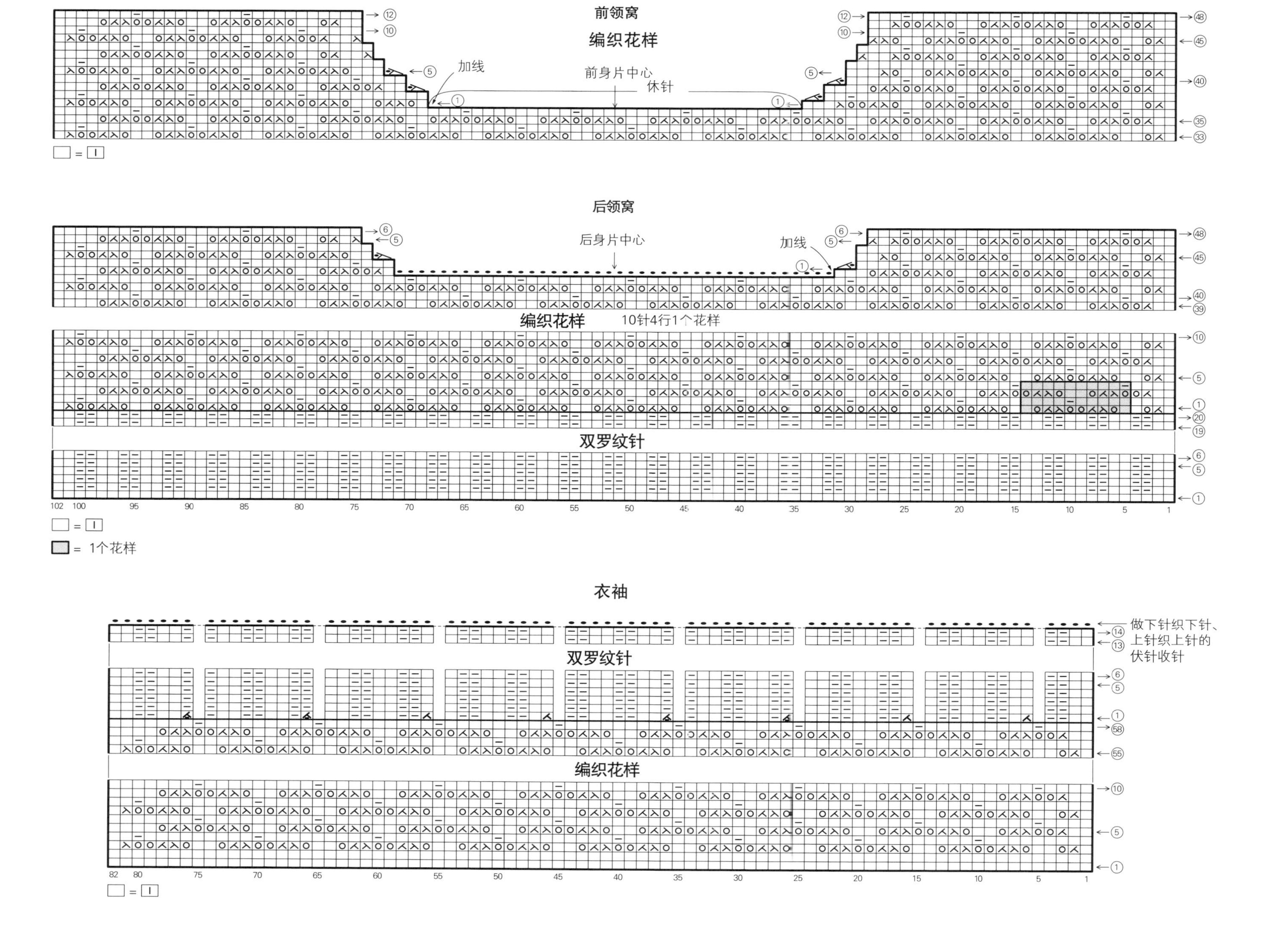
前领窝
编织花样
加线
前身片中心
休针
后领窝
后身片中心
加线
编织花样
10针4行1个花样
双罗纹针
= 1个花样
衣袖
做下针织下针、上针织上针的伏针收针
双罗纹针
编织花样

Q | 22、23页

●材料

QUATTRO DÉGRADÉ段染（中粗）

a 蓝色、浅蓝色系深浅多色混纺段染（11）100g/1团

b 黄色、绿色、红色、蓝色系多色混纺段染（12）100g/1团

●工具

棒针6号

●成品尺寸

宽114cm，长45cm

●编织密度

10cm×10cm面积内：编织花样16针，26行

●编织要点

手指挂线起针后，按照起伏针、编织花样编织。参照图示加、减针，最后一行穿线收针。

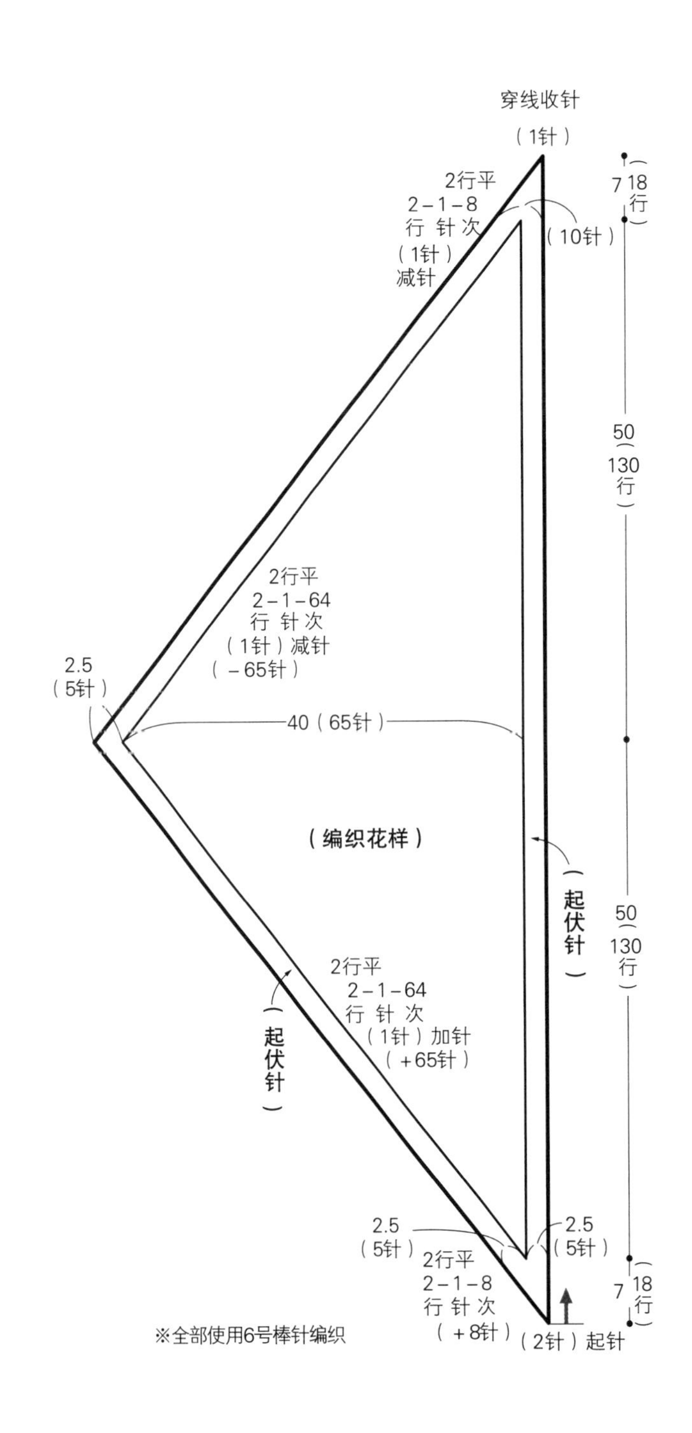

※全部使用6号棒针编织

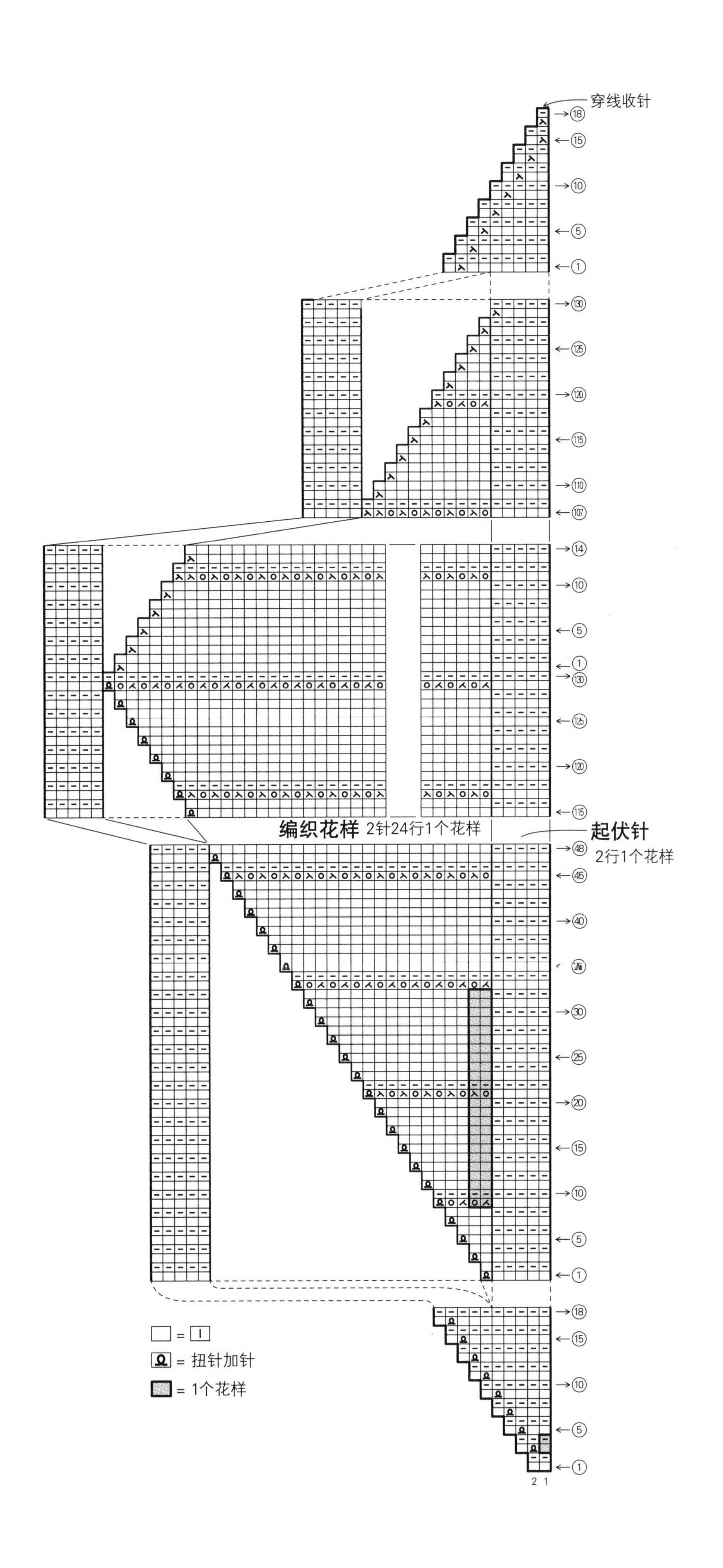

穿线收针
编织花样 2针24行1个花样
起伏针
2行1个花样
= 扭针加针
= 1个花样

R | 24、25页

●**材料**

Pima Denim(粗)海军蓝色(159)230g/6团

●**工具**

棒针5号

●**成品尺寸**

胸围91cm，肩宽37cm，衣长58cm，袖长24.5cm

●**编织密度**

10cm×10cm面积内：下针编织22针，30行

●**编织要点**

前、后身片 手指挂线起针后，下摆按单罗纹针编织，接着做下针编织至肩部。袖窿和领窝做伏针减针和立起侧边1针的减针，肩部的针目做休针处理。前衣领边加针边编织桂花针，编织终点做伏针收针。

衣袖 和后身片起针方法相同，按照相同的方法编织。袖山做伏针减针和立起侧边1针的减针，编织终点做伏针收针。

组合 肩部将前、后身片正面相对做盖针接合。后衣领看着后身片的反面挑针编织桂花针，做伏针收针。前、后衣领看着反面做挑针缝合，胁部和袖下做挑针缝合。引拔缝合衣袖和身片。

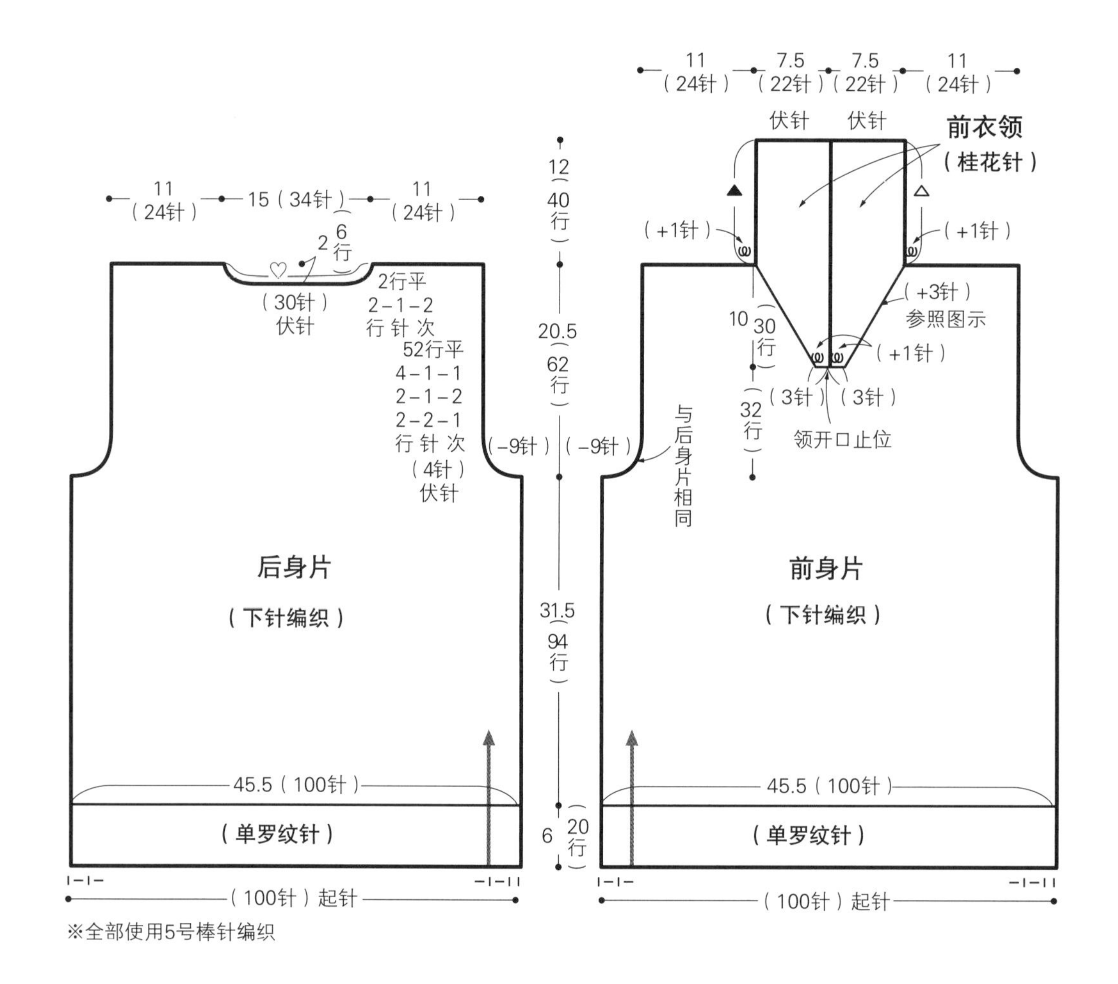

※全部使用5号棒针编织

单罗纹针

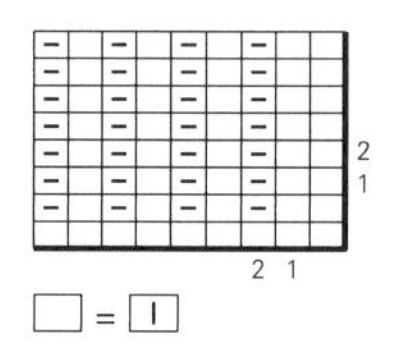

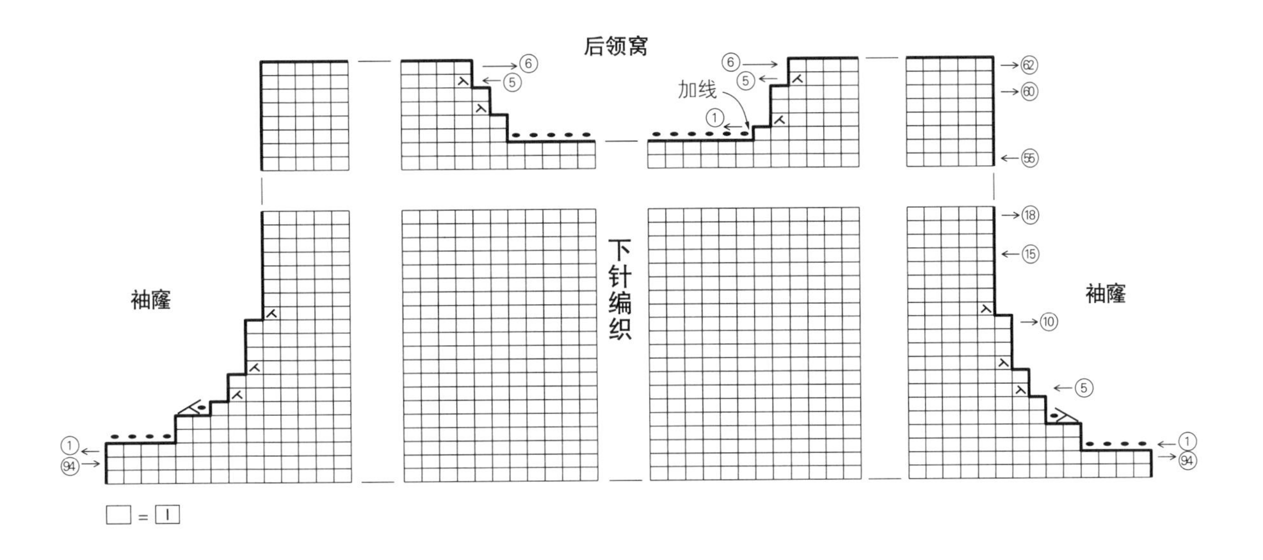

后领窝
加线
袖窿
下针编织
袖窿
□ = ｜

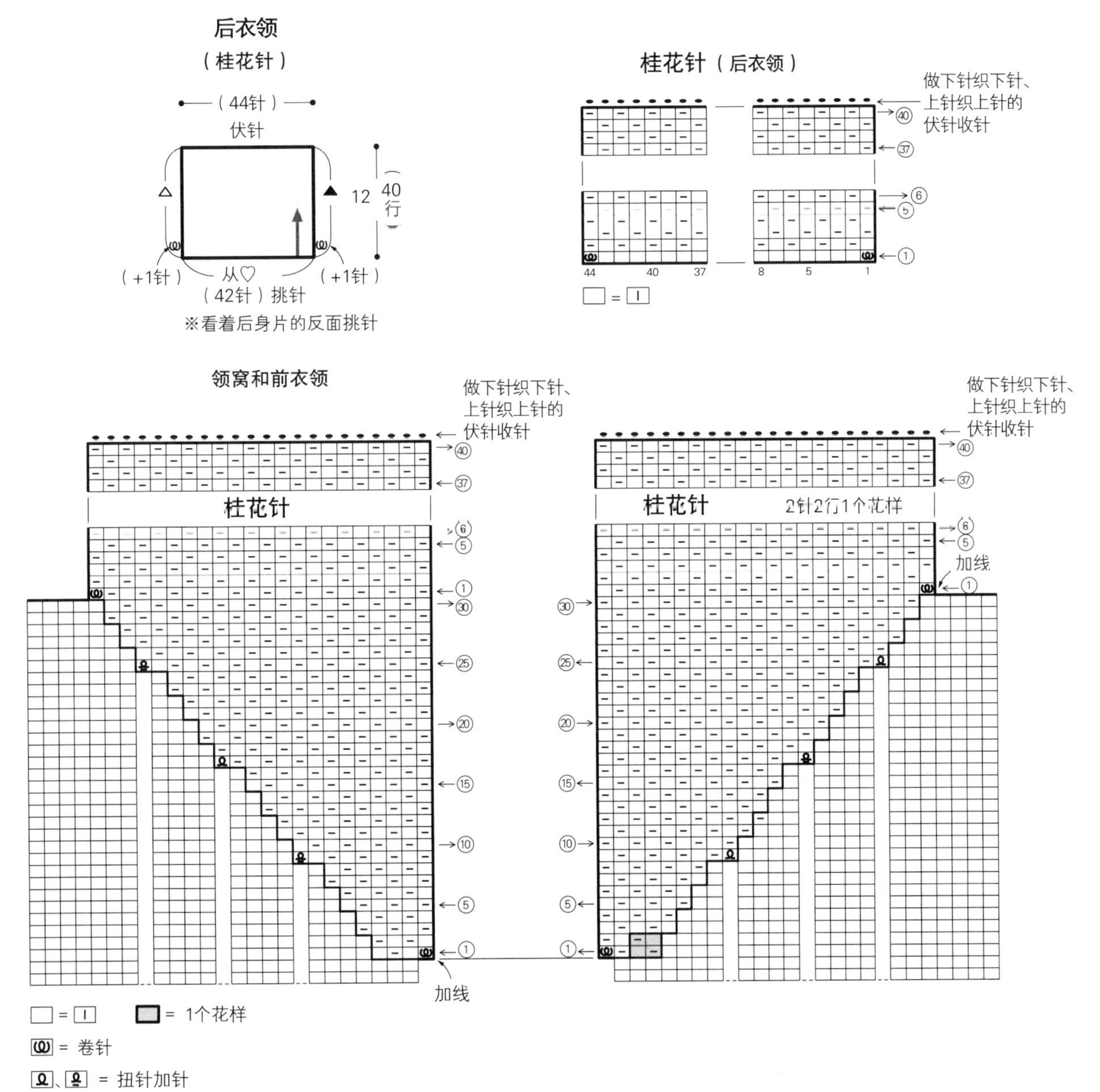

后衣领
（桂花针）
（44针）
伏针
12（40行）
（+1针）
从♡（42针）挑针
（+1针）
※看着后身片的反面挑针
桂花针（后衣领）
做下针织下针、上针织上针的伏针收针
领窝和前衣领
做下针织下针、上针织上针的伏针收针
桂花针
桂花针 2针2行1个花样
做下针织下针、上针织上针的伏针收针
加线
加线
□ = ｜
= 1个花样
= 卷针
、 = 扭针加针

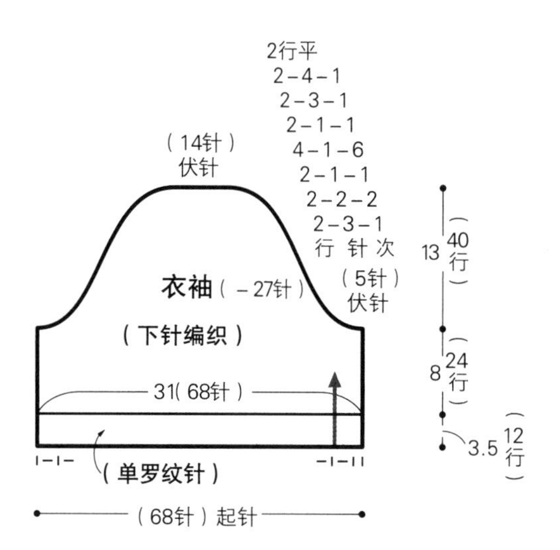
2行平
2-4-1
2-3-1
2-1-1
4-1-6
2-1-1
2-2-2
2-3-1
行 针 次
(14针)
伏针
衣袖(-27针)
(下针编织)
(5针)
伏针
13 (40行)
8 (24行)
3.5 (12行)
31(68针)
(单罗纹针)
(68针)起针

衣领的组合方法

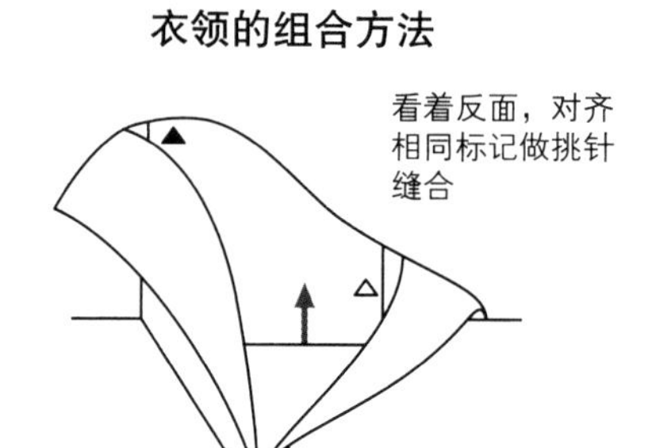
看着反面，对齐
相同标记做挑针
缝合

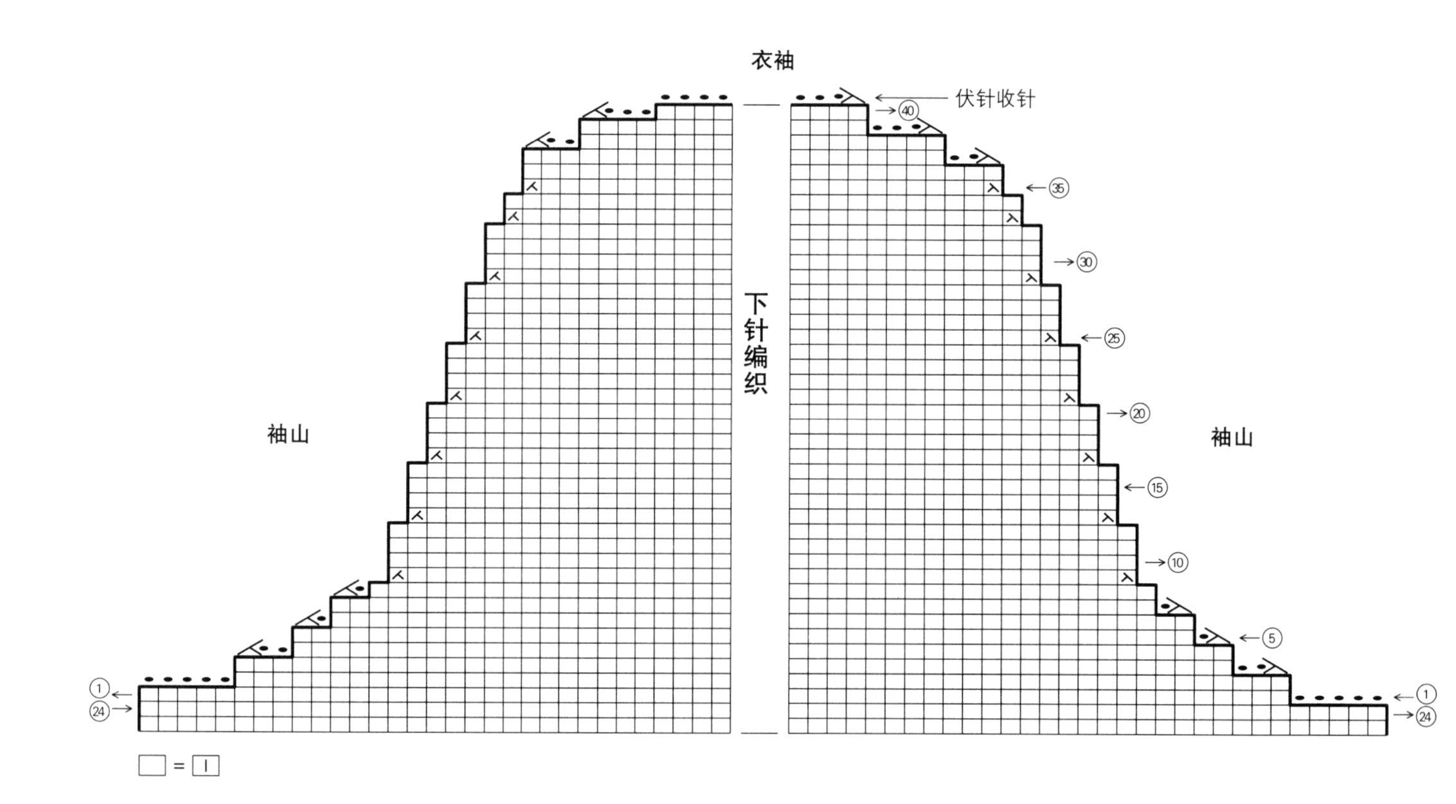
衣袖
伏针收针
下针编织
袖山
袖山
40
35
30
25
20
15
10
5
1
24

U | 28页

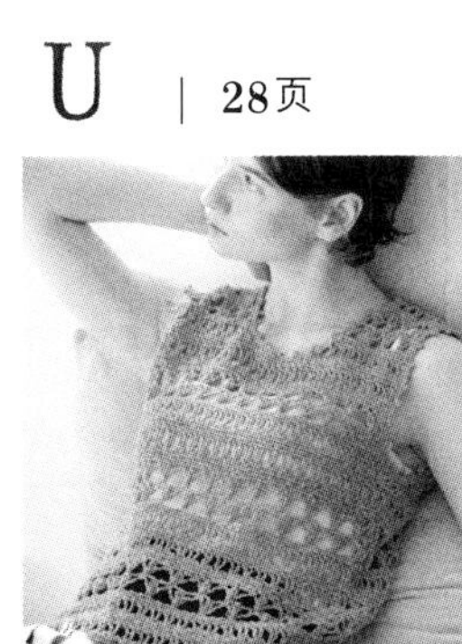

●材料

Sympa Douce(粗)粉色(504)200g/5团

●工具

钩针 5/0号

●成品尺寸

胸围 90cm，肩宽 38cm，衣长 49.5cm

●编织密度

编织花样 1个花样 3cm，12.5行 10cm

●编织要点

前、后身片 锁针起针后，第1行在锁针的半针和里山(2根线)里挑针，按编织花样钩织。参照图示，袖窿和领窝减针。

组合 肩部钩织"1针短针、1针锁针"接合，胁部钩织"1针短针、2针锁针"接合。下摆钩织边缘编织A，领口和袖口环形钩织边缘编织B。

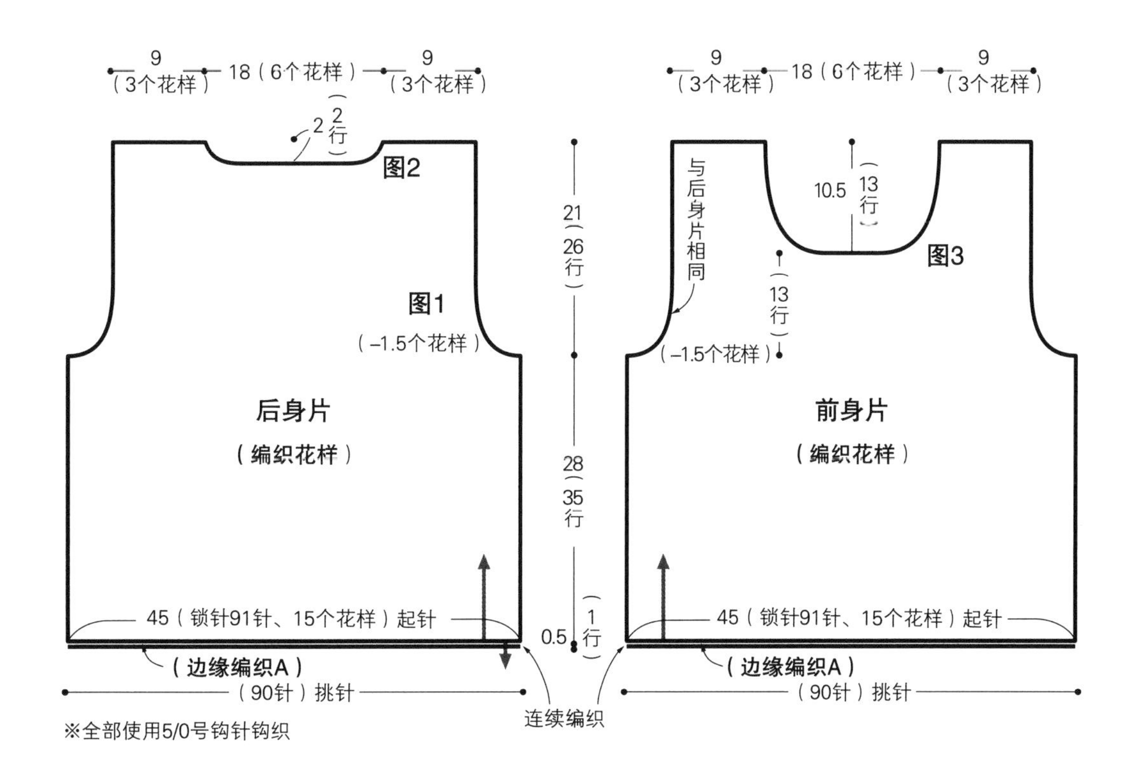

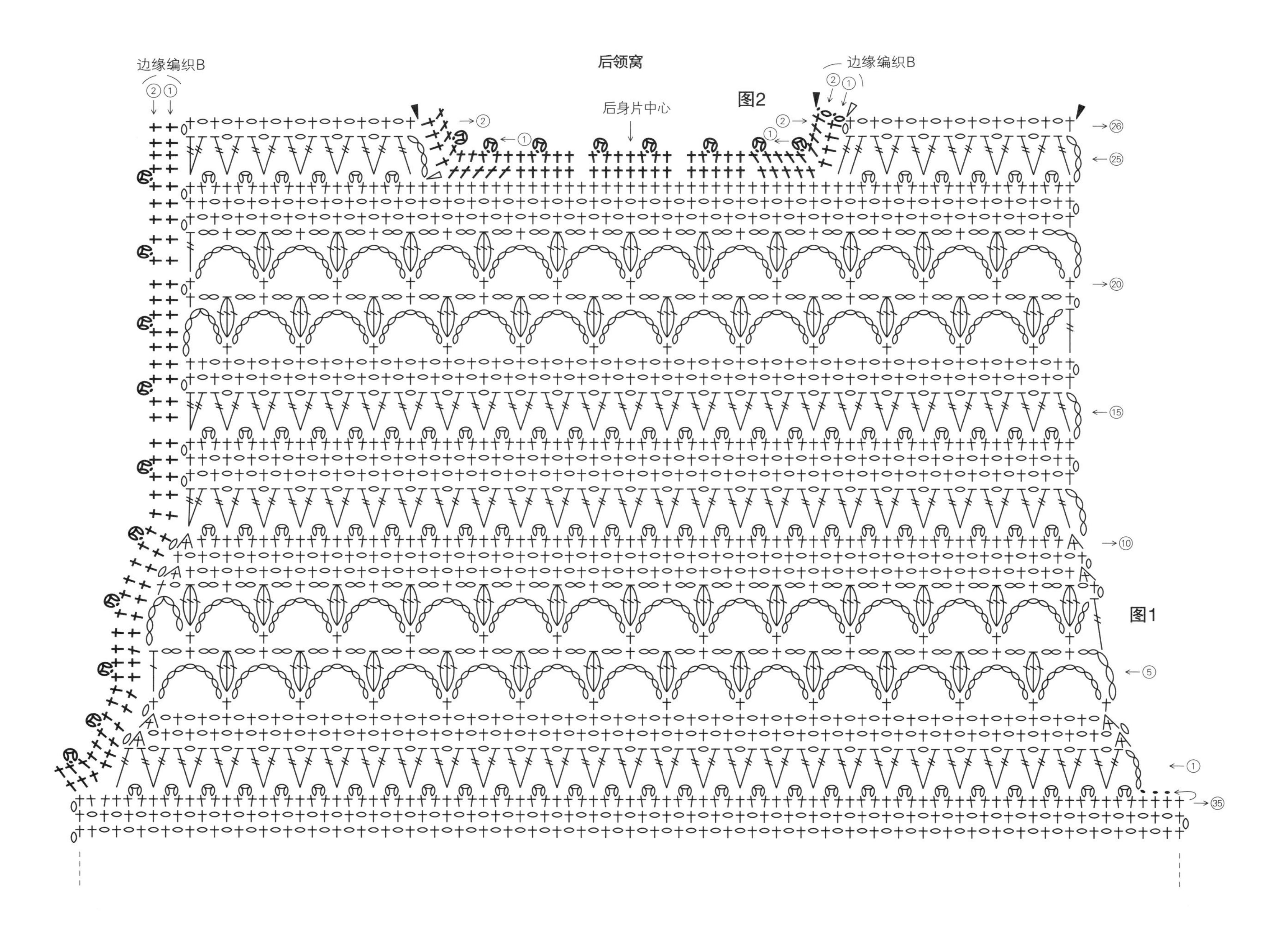

边缘编织B
后领窝
边缘编织B
图2
后身片中心
26
25
20
15
10
图1
5
1
35

编织花样 6针14行 1个花样

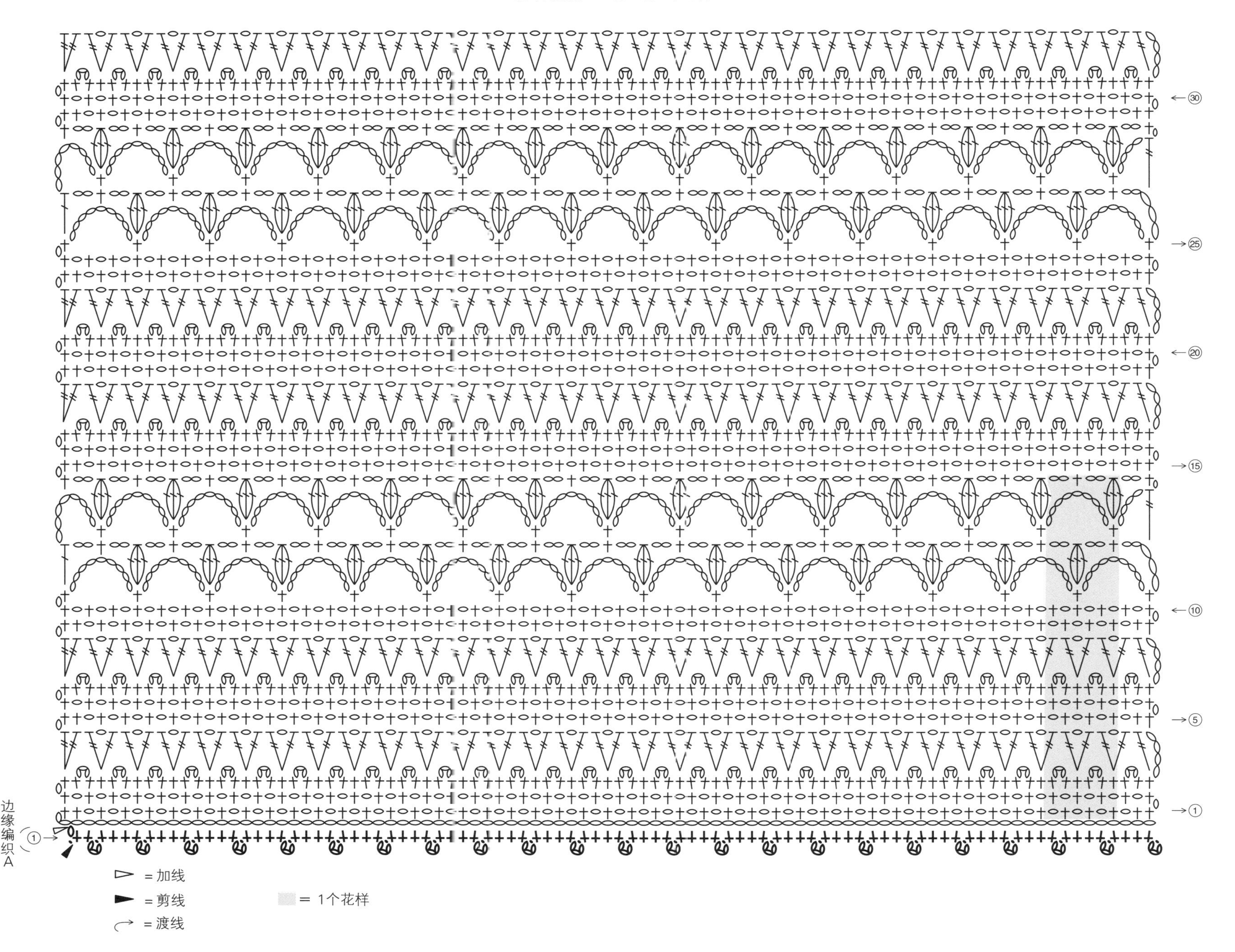

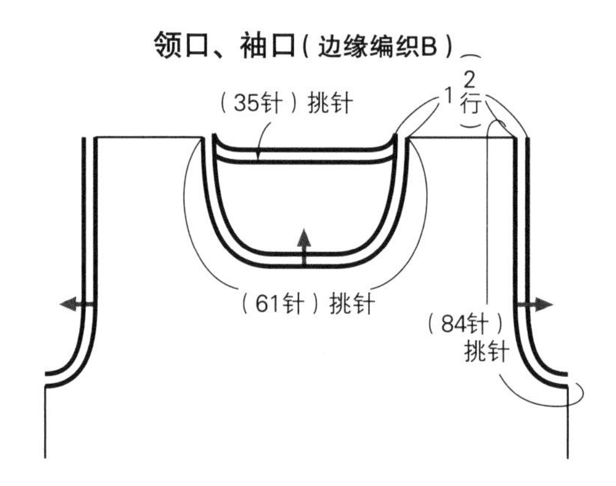
领口、袖口(边缘编织B)
(35针)挑针
1
2
行
(61针)挑针
(84针)
挑针

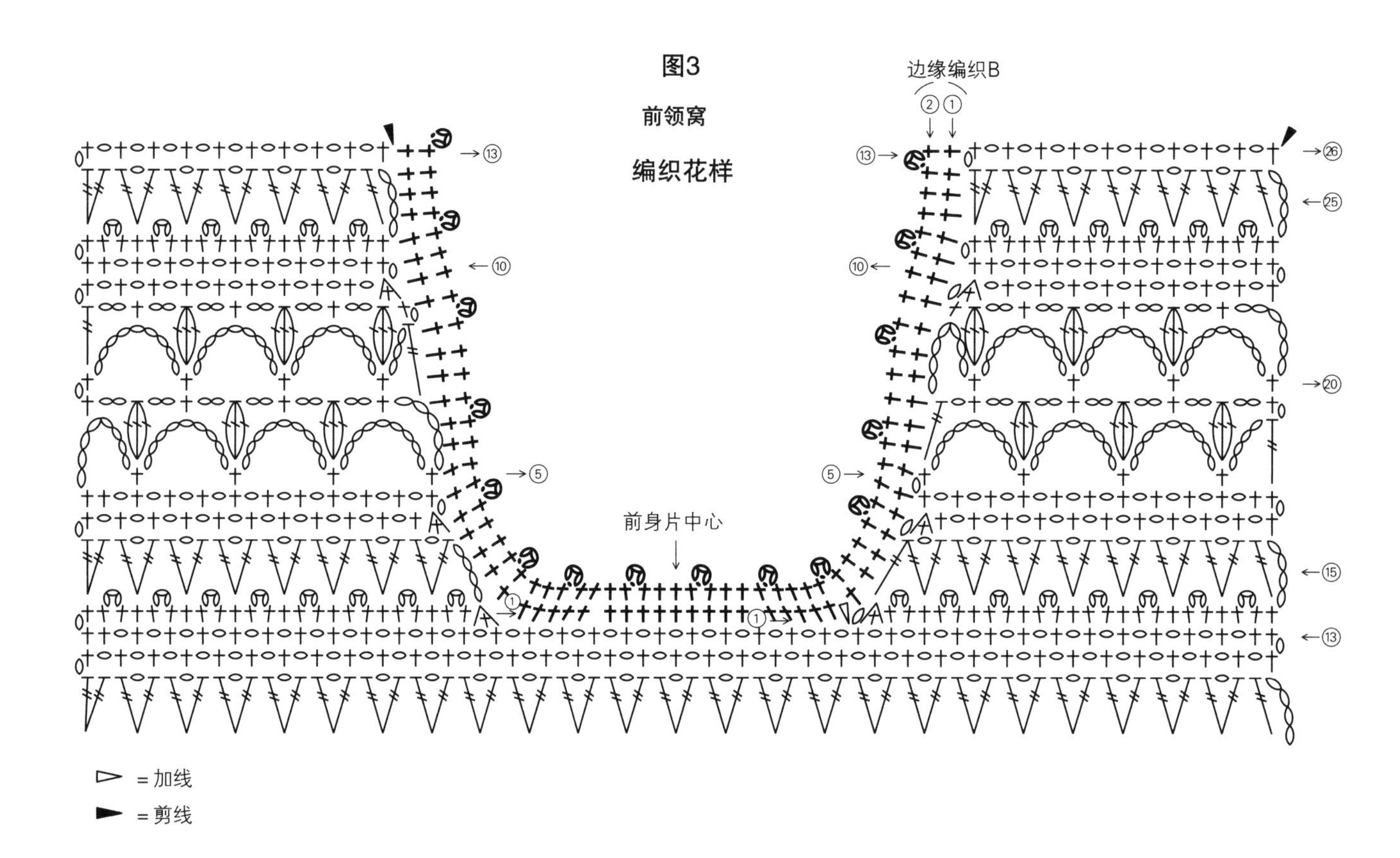
图3
前领窝
编织花样
边缘编织B
前身片中心
= 加线
= 剪线

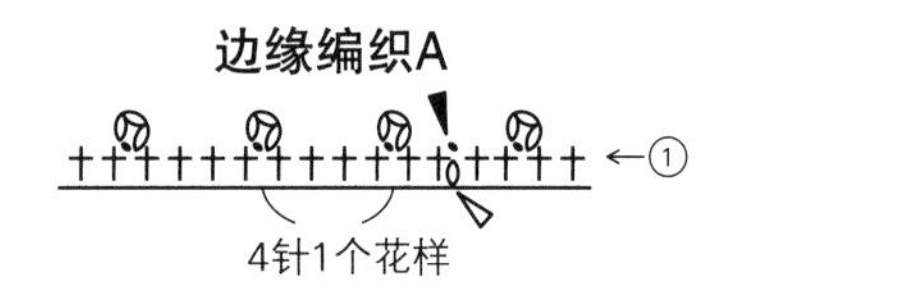
边缘编织A
4针1个花样

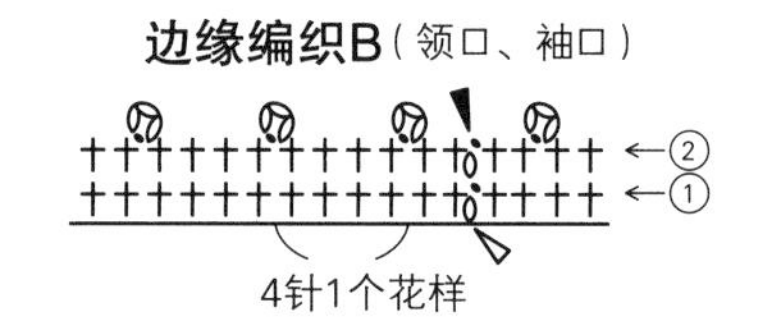
边缘编织B(领口、袖口)
4针1个花样

V | 29页

●材料

Puppy Linen100(粗)蓝色(912)190g/5团

1个直径 1.3 cm的纽扣

●工具

钩针 5/0号

●成品尺寸

胸围 96cm，肩宽 39cm，衣长 51.5cm

●编织密度

编织花样 1个花样约 2cm，11.5行 10cm

●编织要点

前、后身片 锁针起针后，第1行在锁针的半针和里山(2根线)里挑针，按编织花样编织。胁部、袖窿和领窝减针，后身片从开口止位分别向左、右两侧钩织。

组合 肩部将前、后身片正面相对做引拔接合后，胁部钩织"1针短针、3针锁针"接合。后领口的转角处钩织纽襻，领口环形钩织短针。袖口环形钩织短针。下摆按边缘编织钩织。在后领口上缝上纽扣。

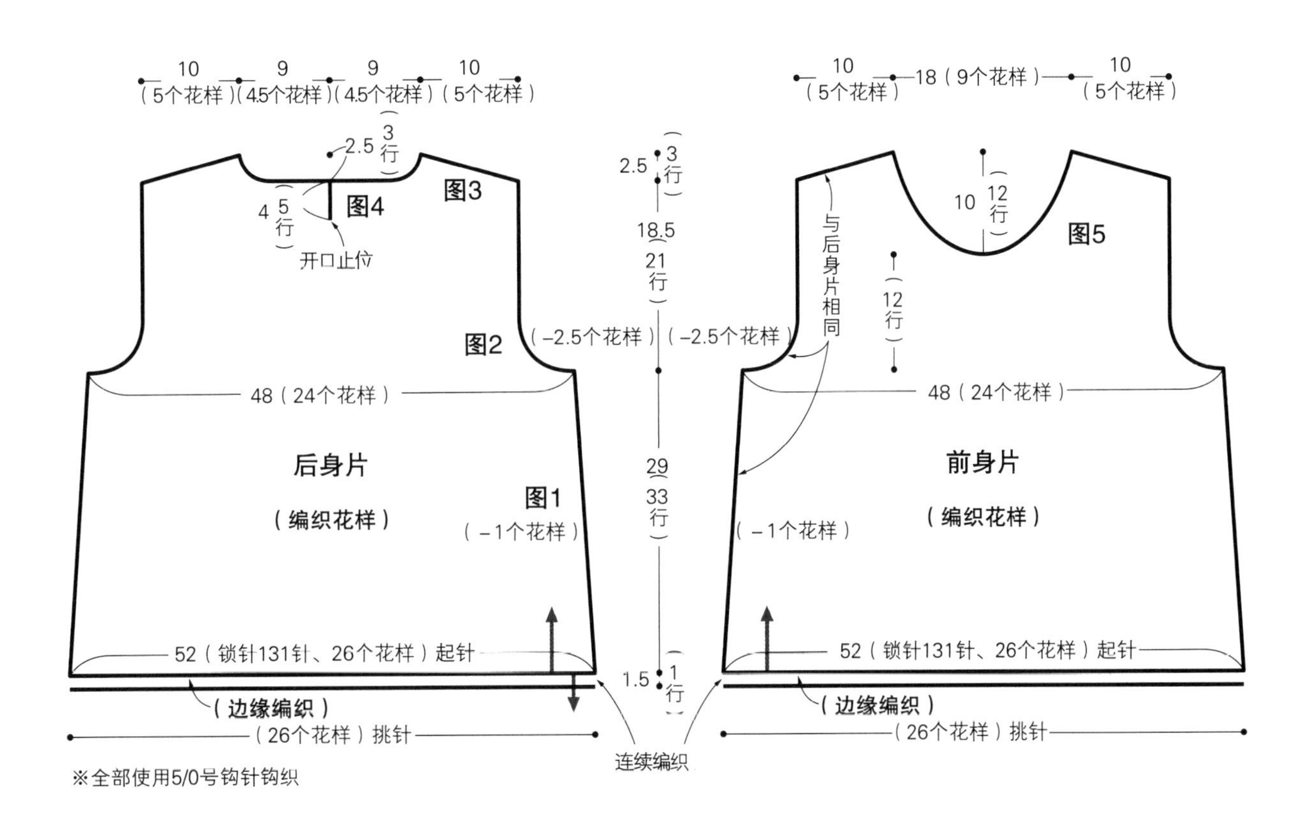

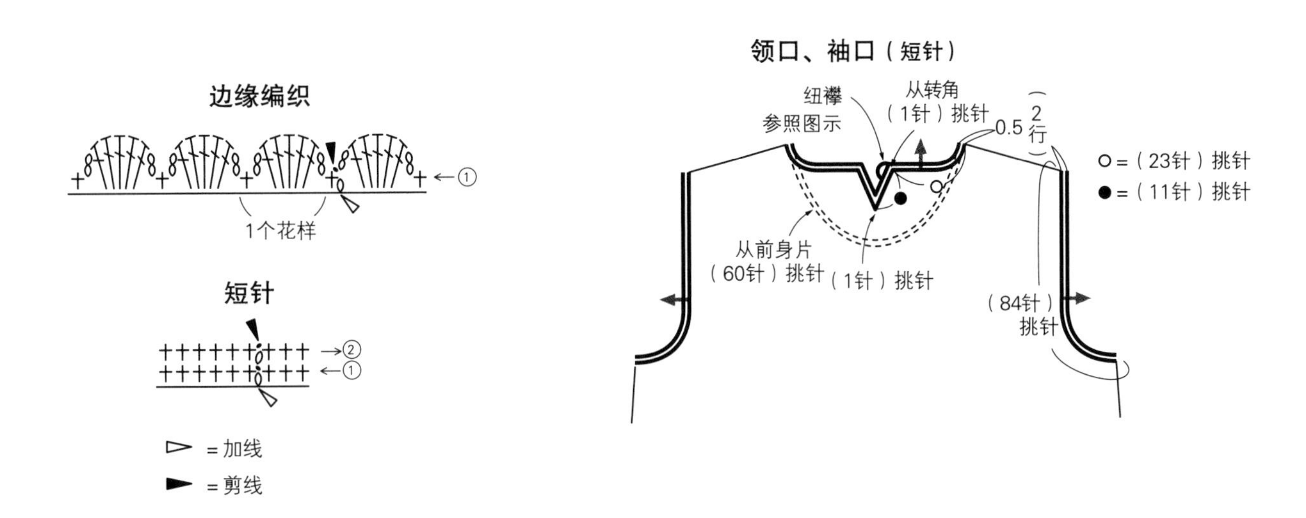

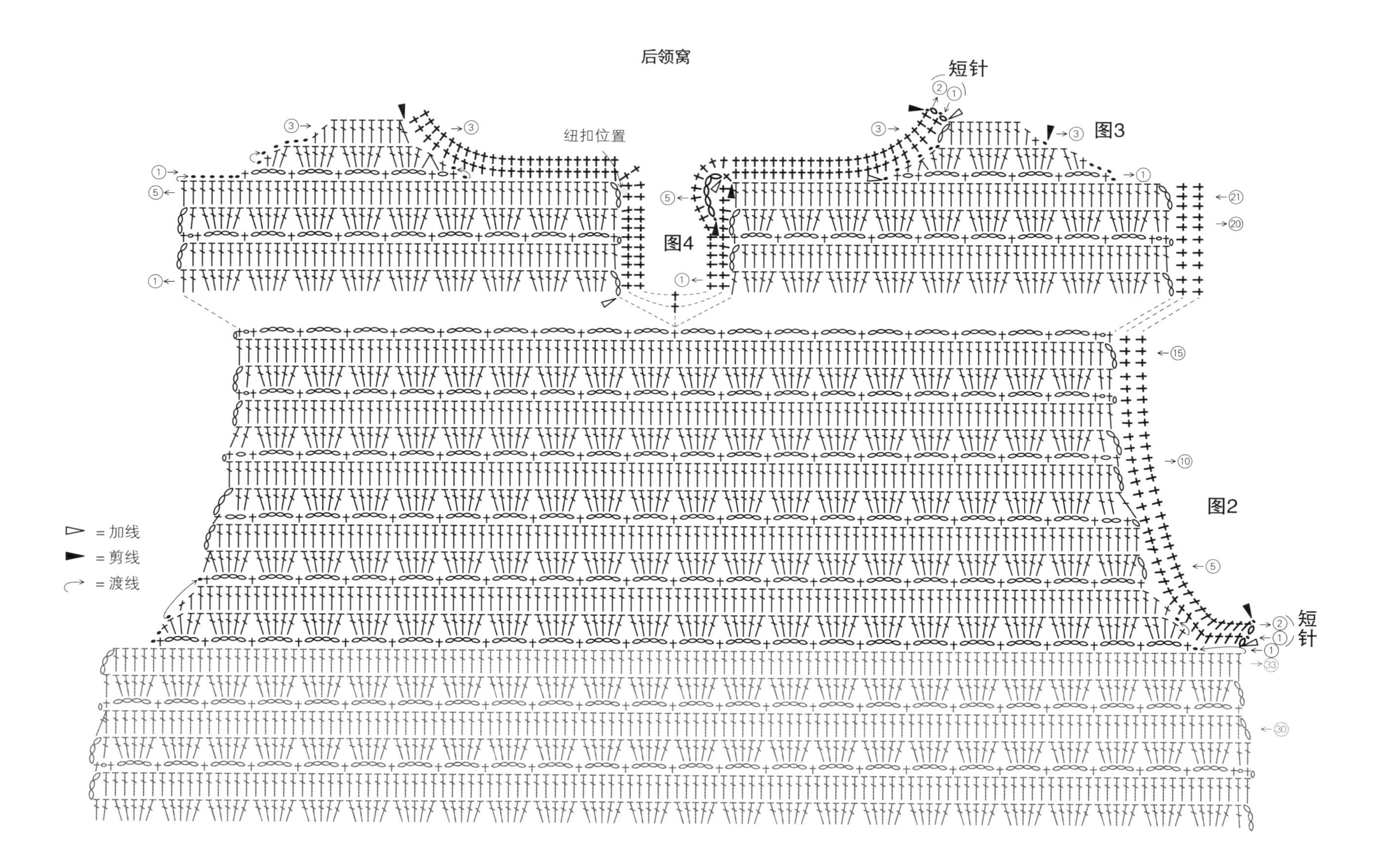

后领窝
短针
纽扣位置
图3
图4
图2
短针
= 加线
= 剪线
= 渡线

编织花样 5针6行1个花样

图1

= 从针目和针目之间入针，编织短针

= 1个花样

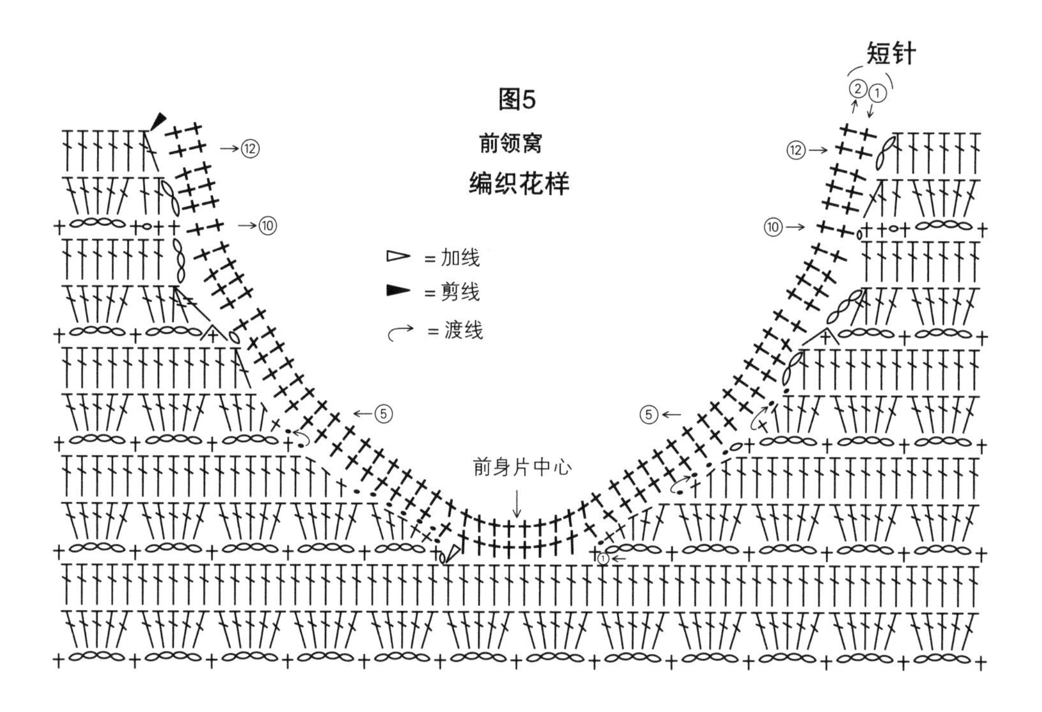

C | 05页

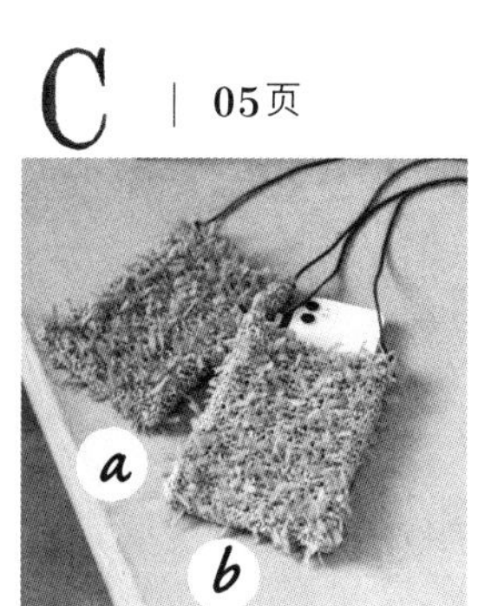

● **材料**

Flottant(中粗)

a 蓝色(8)30g/1团

b 绿色(10)30g/1团

宽3mm的皮绳各1m

● **工具**

棒针4号

● **成品尺寸**

宽12cm，深18cm

● **编织密度**

10cm×10cm面积内：起伏针21针，30行

● **编织要点**

留出约60cm的线头，手指挂线起针后，无须加、减针编织起伏针。编织终点做伏针收针后，留出约60cm的线头。用留出的线头挑针缝合侧边。安装皮绳时打结。

※编织起点和编织终点都留出约60cm的线头

组合方法

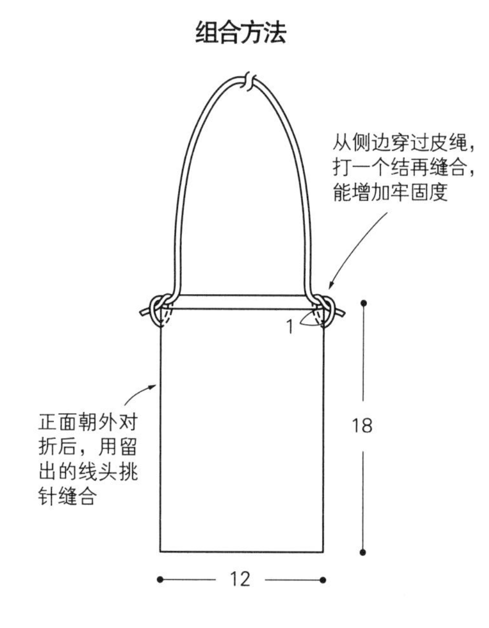

起伏针

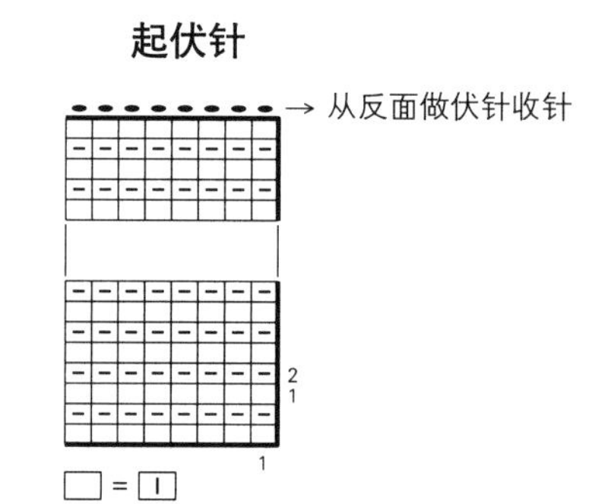

M | 18页

●**材料**

Puppy Linen100（粗）珊瑚粉色（911）150g/4团

●**工具**

棒针6号

●**成品尺寸**

胸围104cm，衣长48.5cm，连肩袖长51.5cm

●**编织密度**

10cm×10cm面积内：编织花样16针，26.5行

●**编织要点**

前、后身片　手指挂线起针后，按编织花样、起伏针无须加、减针编织至肩部。在接袖止位加线，领窝做伏针收针后，肩部的针目做休针处理。

衣袖　肩部将前、后身片正面相对做盖针接合。从前、后袖窿挑针，按编织花样无须加、减针编织，编织终点做伏针收针。

组合　胁部、袖下做挑针缝合。

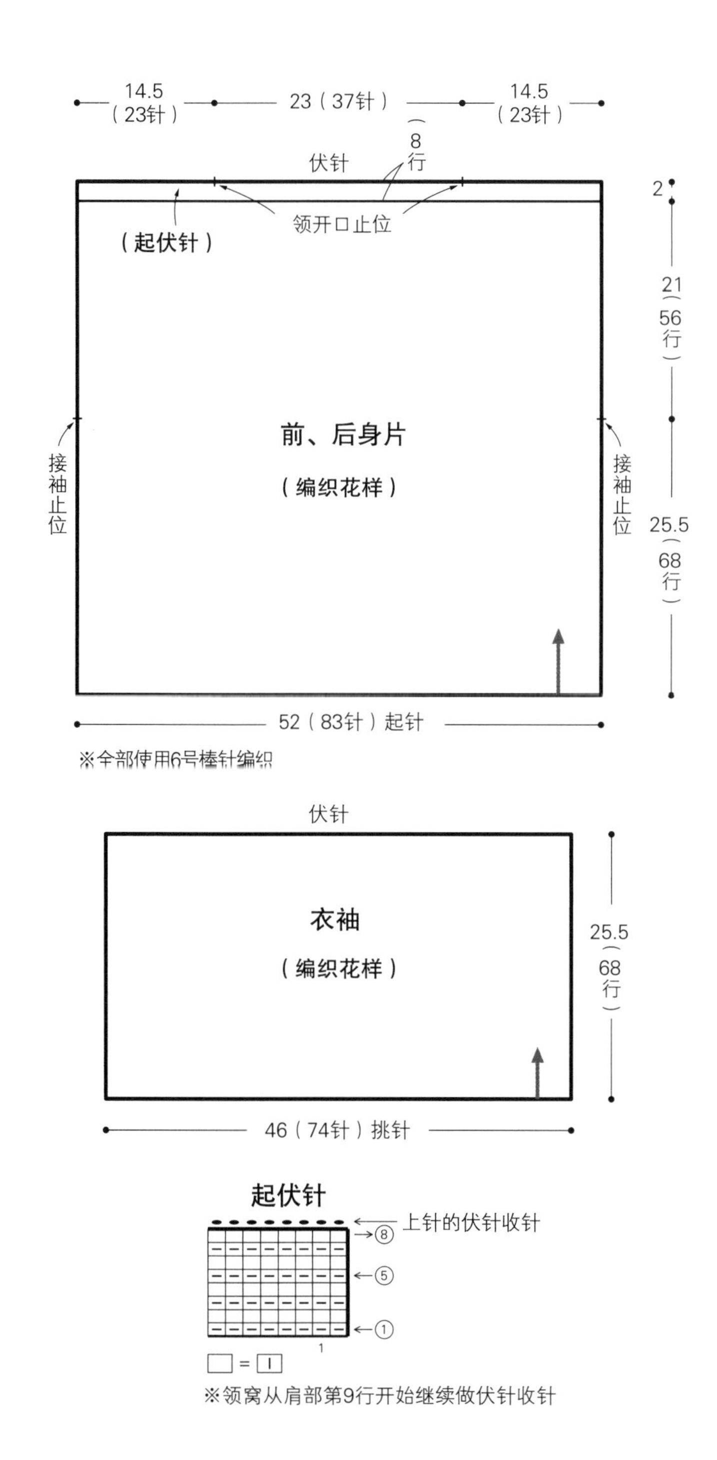

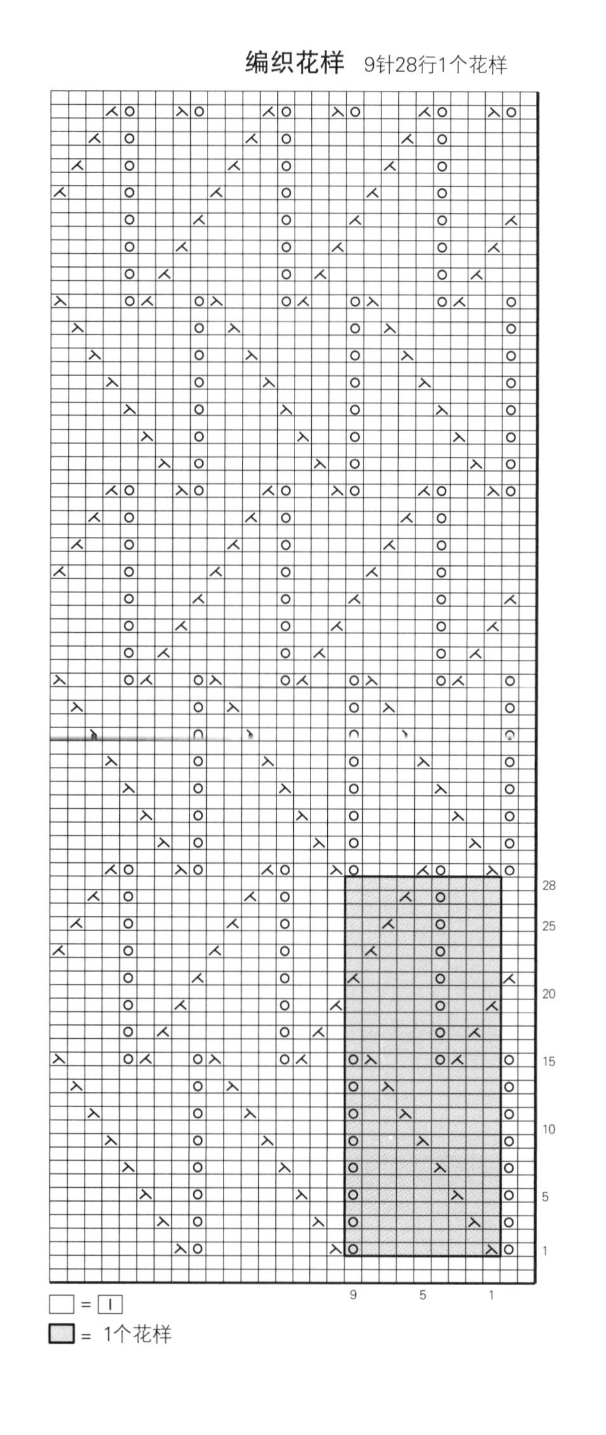

S | 26页

● 材料

Cotton Kona(粗)浅绿色(33)275g/7团

● 工具

棒针5号，钩针5/0号

● 成品尺寸

胸围90cm，衣长51cm，连肩袖长45cm

● 编织密度

10cm×10cm面积内：编织花样24针，30行；下针编织24针，32行

● 编织要点

前、后身片和衣袖 手指挂线起针后，前、后身片环形做编织花样、下针编织。衣袖环形做单罗纹针和下针编织。编织终点的针目和腋下的针目各自做休针处理。

育克 从前、后身片和衣袖挑针，环形做下针编织到第58行。从第59行开始做引返编织。接着领口环形做单罗纹针。编织终点做下针织下针、上针织上针的伏针收针。

组合 腋下做下针的无缝缝合。下摆的第1行做引拔编织。

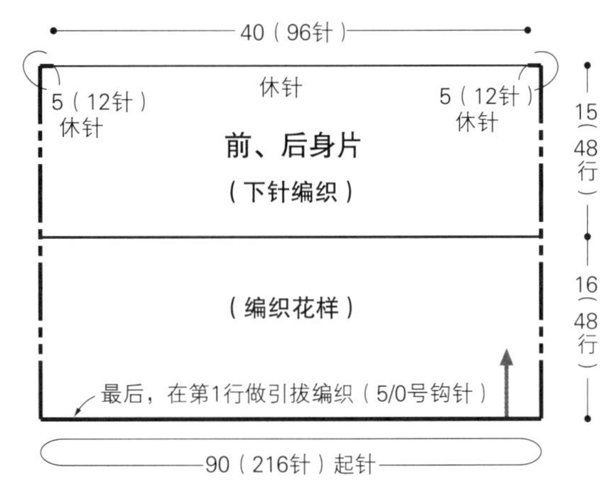

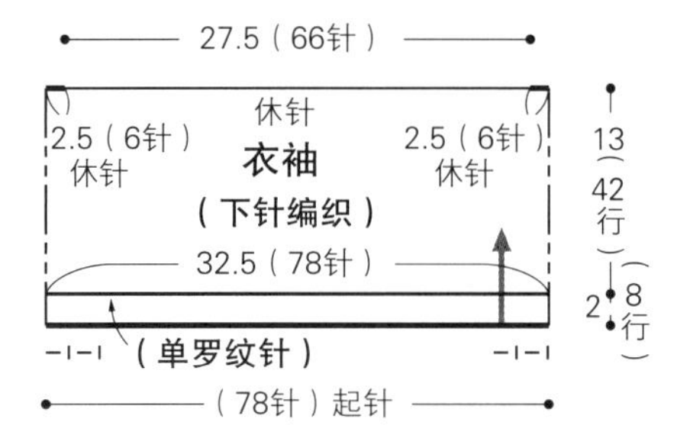

※除指定外全部使用5号棒针编织

单罗纹针(袖口)

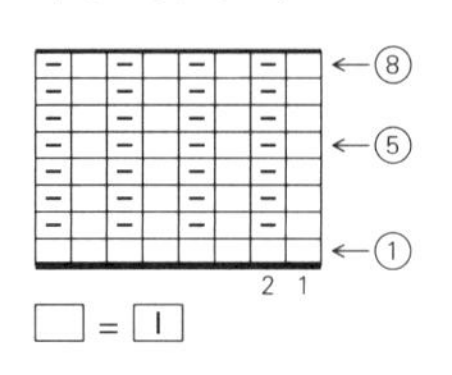

编织花样 18针16行1个花样

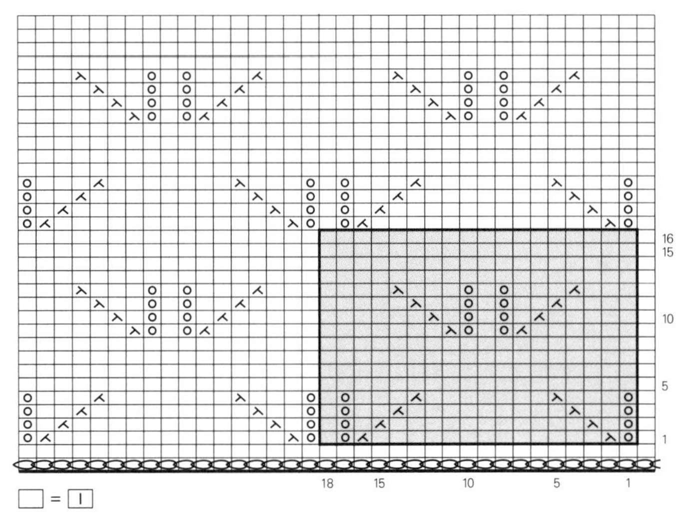

单罗纹针(领口)

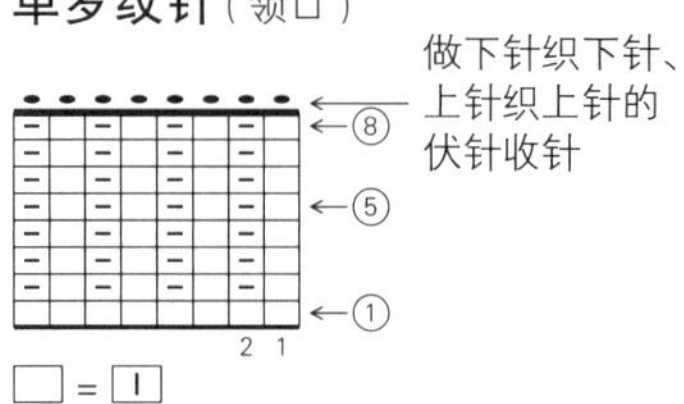

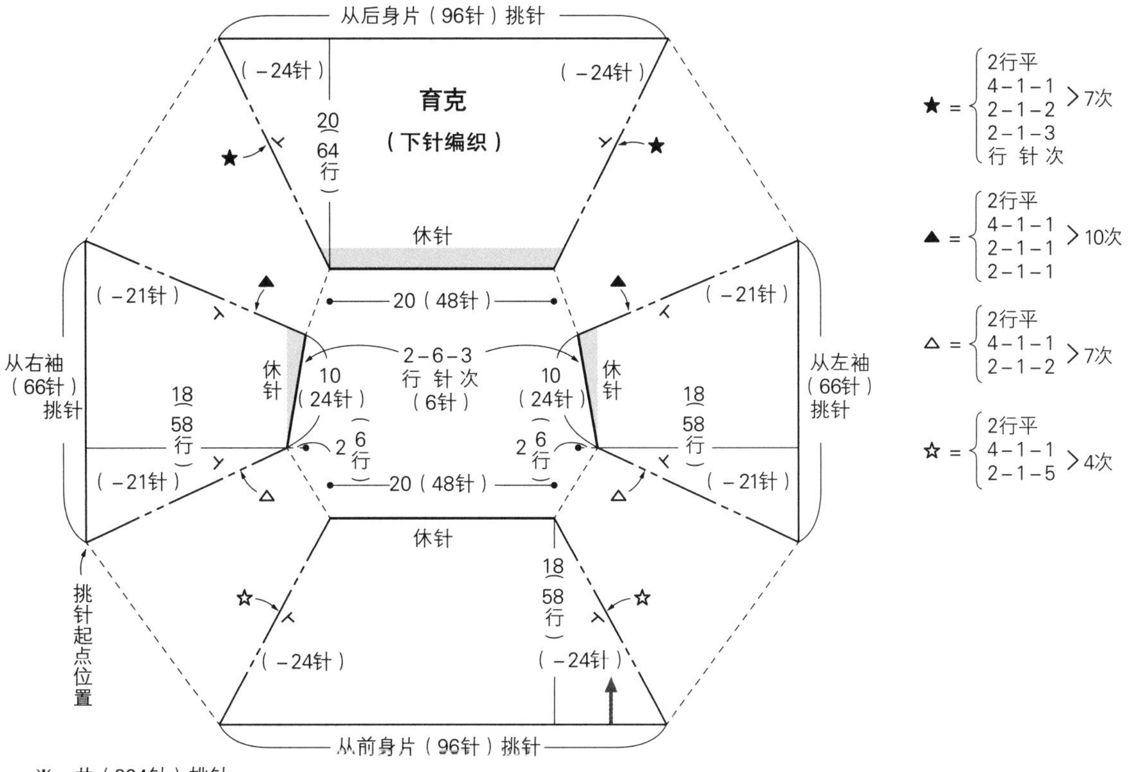

※一共（324针）挑针

▒ = 领窝的引返编织

领口（单罗纹针）

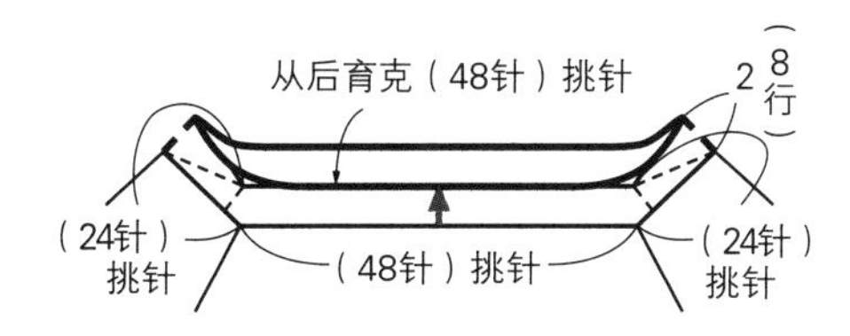

※领口第1行一边做引返
编织的消行一边挑针

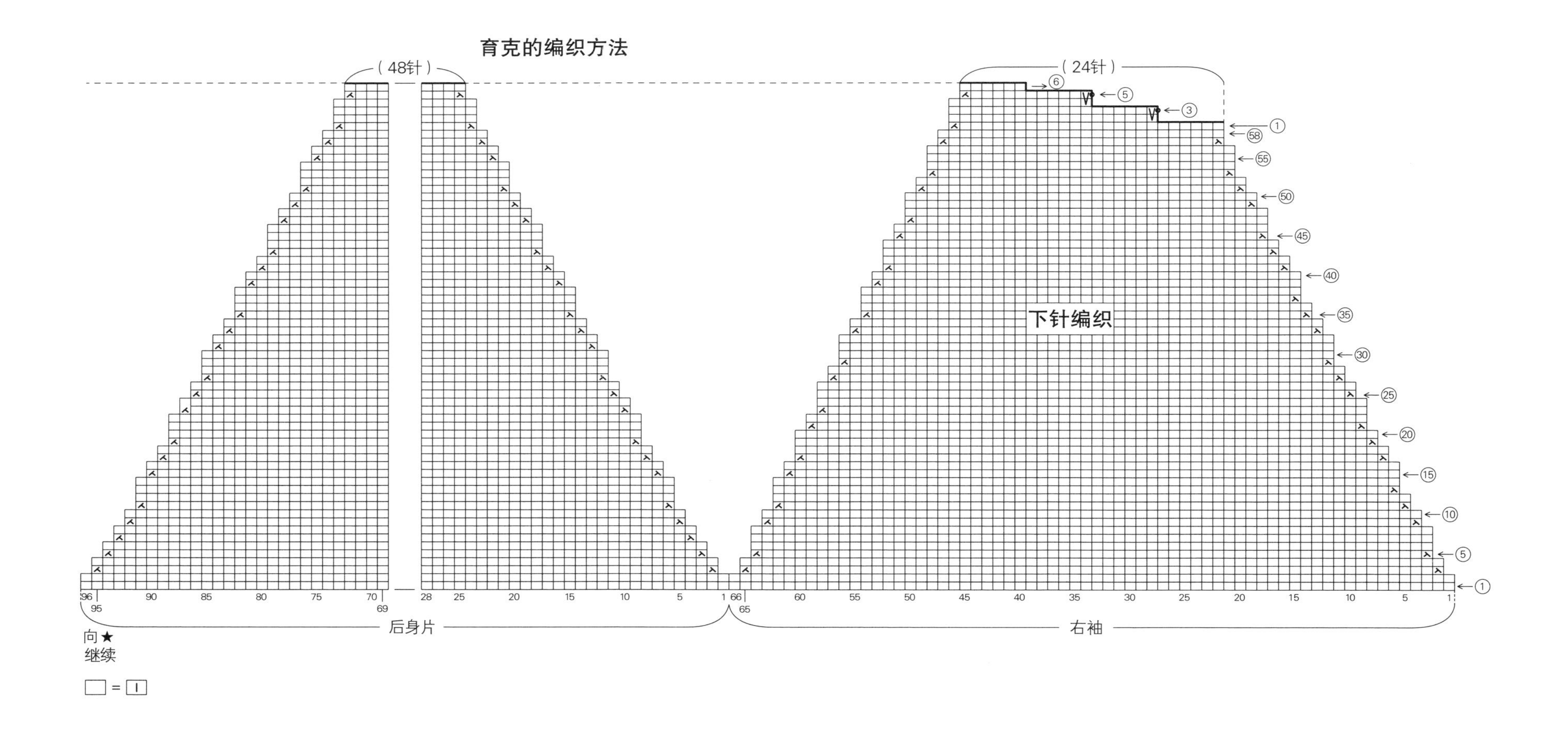
育克的编织方法
（48针）
（24针）
下针编织
后身片
右袖
向★
继续
□ = 丨

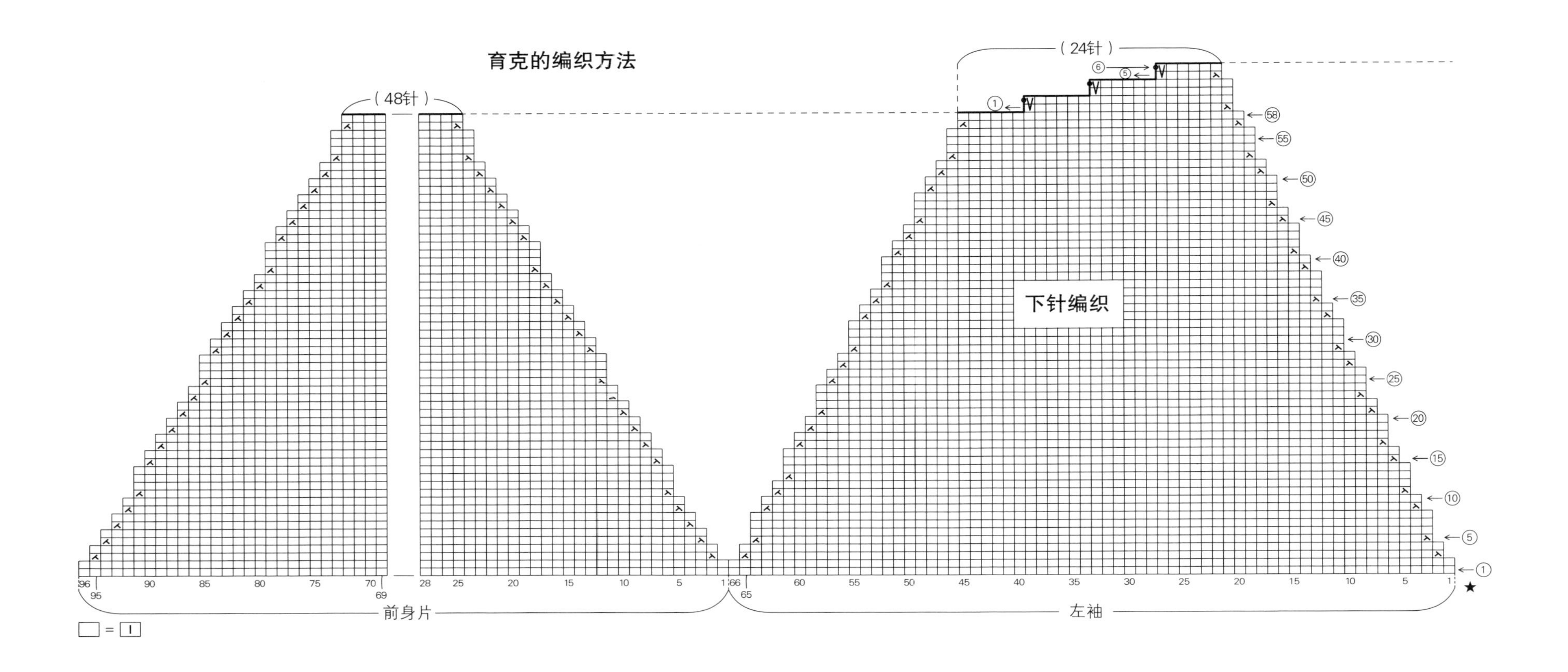

育克的编织方法
(48针)
(24针)
下针编织
前身片
左袖

T | 27页

●材料

QUATTRO DÉGRADÉ（中粗）黄色、绿色、红色、蓝色系多色混纺段染（12）85g/1团

Cotton Kona（粗）淡褐色（66）65g/2团

●工具

钩针 5/0号

●成品尺寸

宽约34cm，深17cm

●编织密度

编织花样 14行 9.5cm；条纹花样 1个花样 2cm，18.5行 10cm

●编织要点

包底 用线头环形起针后，按编织花样边加针边往返钩织。

侧面 锁针起针后，按条纹花样钩织。包底侧加针，接着侧面的第78行做提手的锁针起针后，钩织4行。用短针做边缘编织后继续钩织第5、6行。

组合 侧面对齐编织起点和编织终点的标记缝合。提手也对齐相同标记做卷针缝缝合。包底和侧面正面相对做引拔接合。

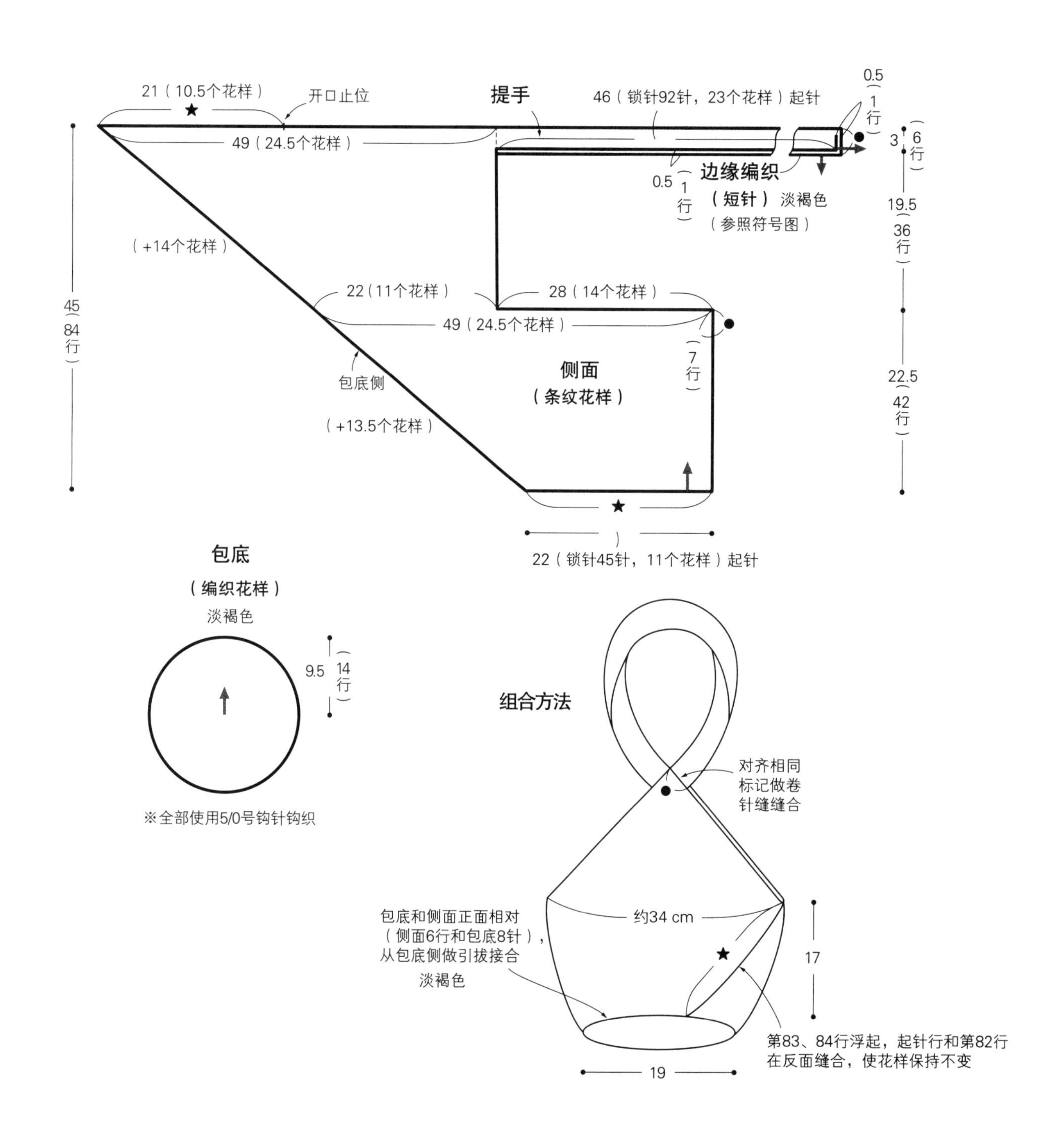

包底

编织花样

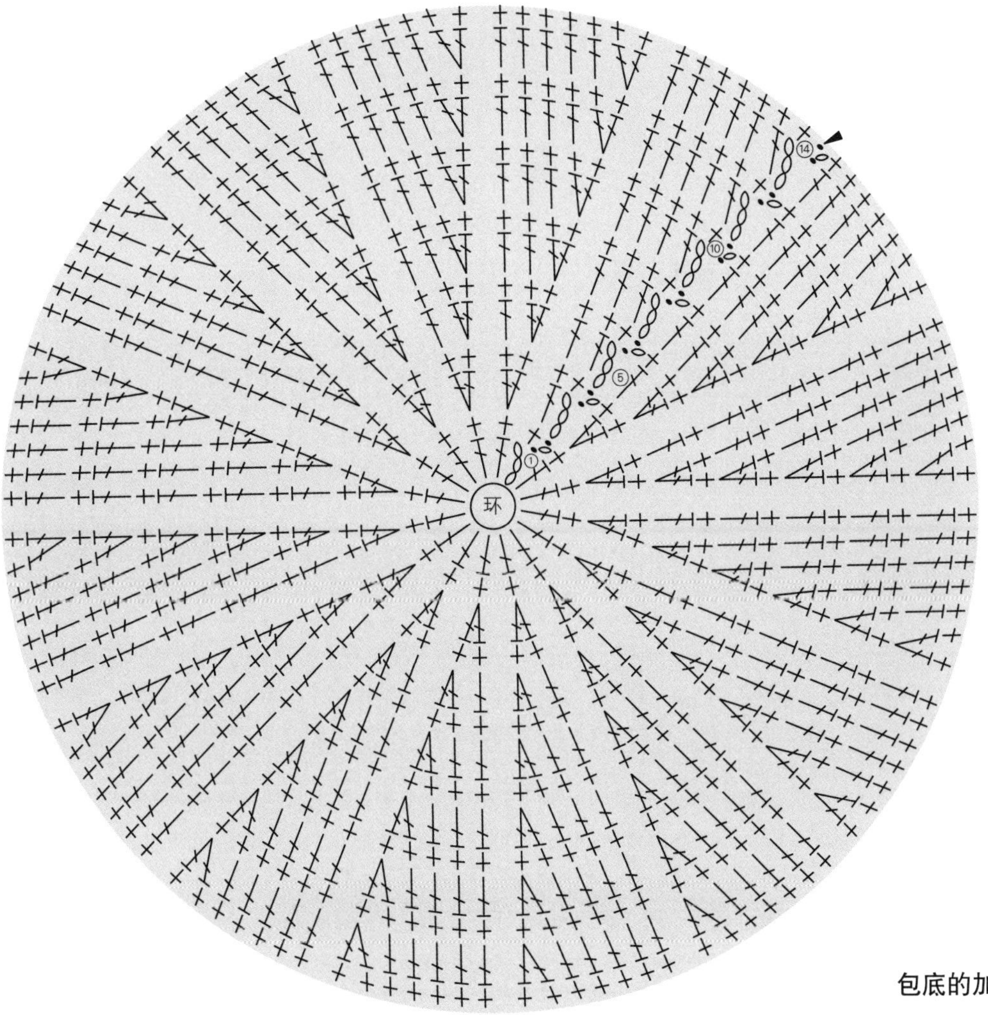

包底的加针方法

行数	针数	加针
14行	112针	
13行	112针	+16针
12行	96针	
11行	96针	+16针
10行	80针	
9行	80针	+16针
8行	64针	
7行	64针	+16针
6行	48针	
5行	48针	+16针
4行	32针	
3行	32针	+16针
2行	16针	
1行	16针	

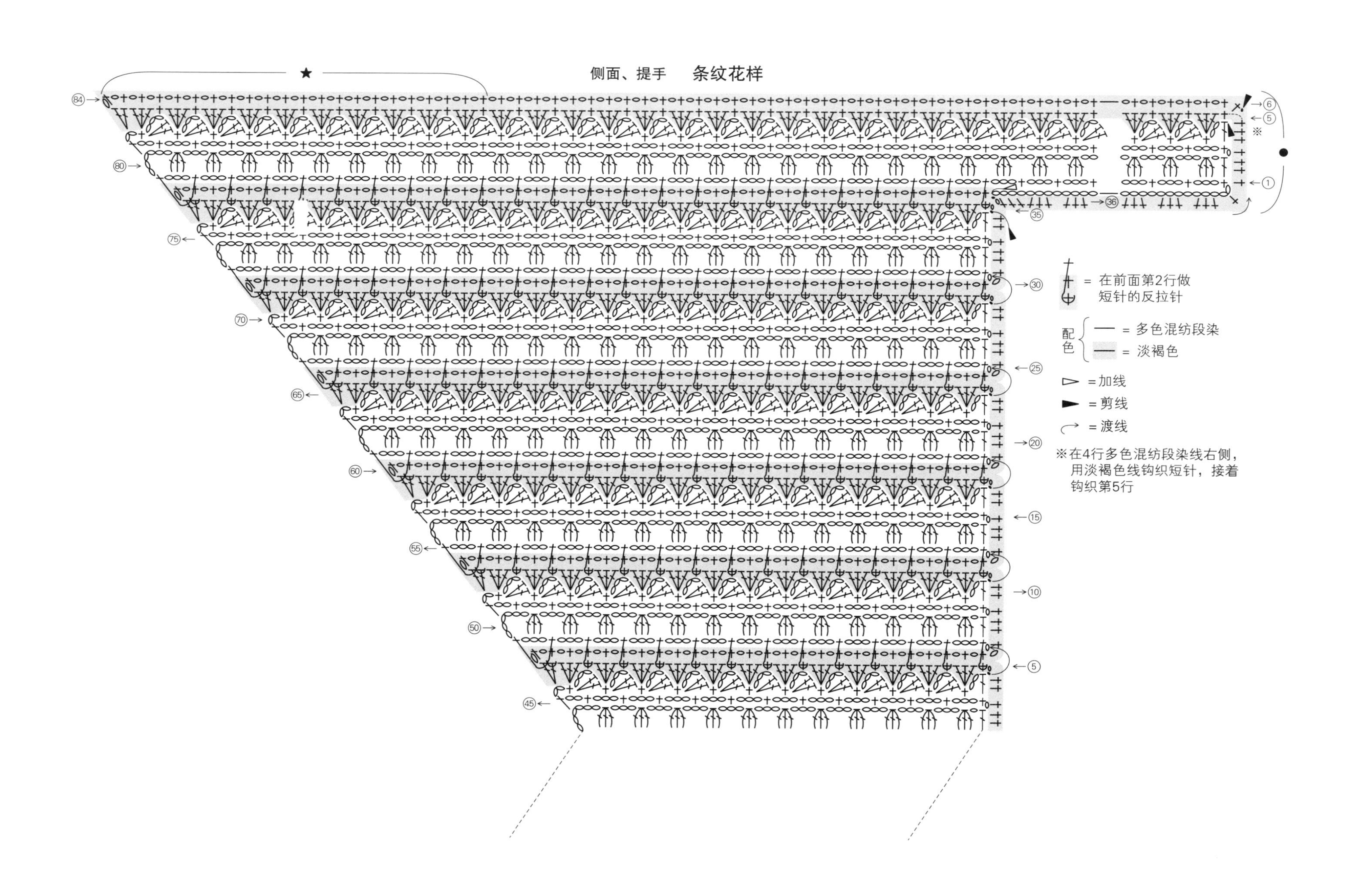
侧面、提手 条纹花样
★
⑧④
⑧⓪
⑦⑤
⑦⓪
⑥⑤
⑥⓪
⑤⑤
⑤⓪
④⑤
⑥
⑤
※
①
③⑥
③⑤
③⓪
②⑤
②⓪
①⑤
①⓪
⑤
= 在前面第2行做
短针的反拉针
配色
= 多色混纺段染
= 淡褐色
=加线
=剪线
=渡线
※在4行多色混纺段染线右侧，
用淡褐色线钩织短针，接着
钩织第5行

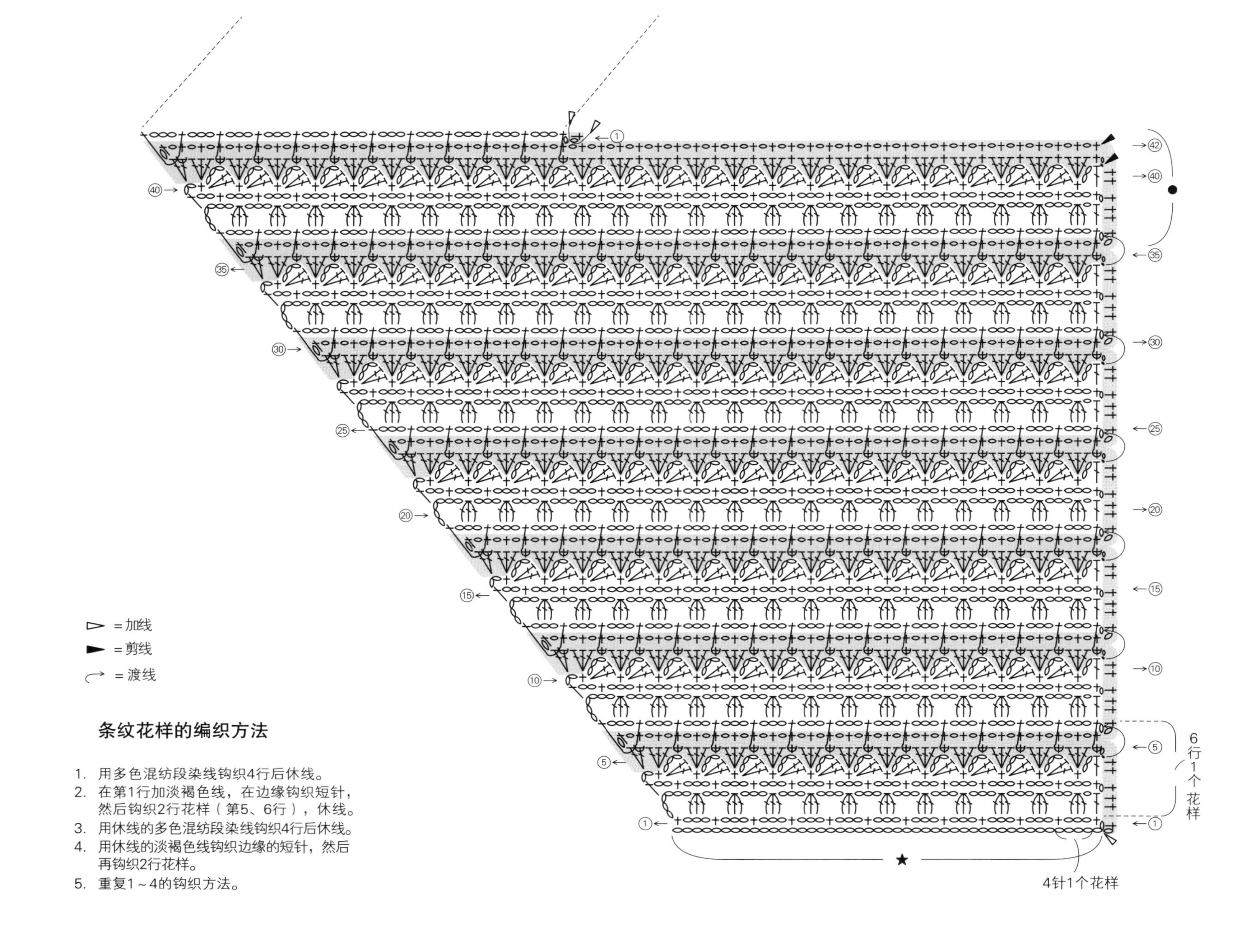

▷ = 加线

▶ = 剪线

⌒ = 渡线

条纹花样的编织方法

1. 用多色混纺段染线钩织4行后休线。
2. 在第1行加淡褐色线，在边缘钩织短针，然后钩织2行花样（第5、6行），休线。
3. 用休线的多色混纺段染线钩织4行后休线。
4. 用休线的淡褐色线钩织边缘的短针，然后再钩织2行花样。
5. 重复1～4的钩织方法。

W | 30页

●材料

Saint-Gilles(细)芥末黄色(129)215g/9团

●工具

钩针 4/0号

●成品尺寸

胸围 98cm，衣长 49.5cm，连肩袖长 37cm

●编织密度

10cm×10cm面积内：编织花样、长针 28针，12行

●编织要点

育克　锁针起针后，第1行在锁针的半针和里山（2根线）里挑针，环形钩织编织花样和长针。参照图示加针。

前、后身片　从育克挑针，后身片从正面钩织3行长针。前、后身片从育克的针目和腋下的锁针起针处挑针，环形钩织长针和边缘编织。

衣袖　按和身片相同的要领，从育克、后身片（●、○）、身片的腋下（△、▲、□、■）挑针，环形钩织长针和边缘编织。

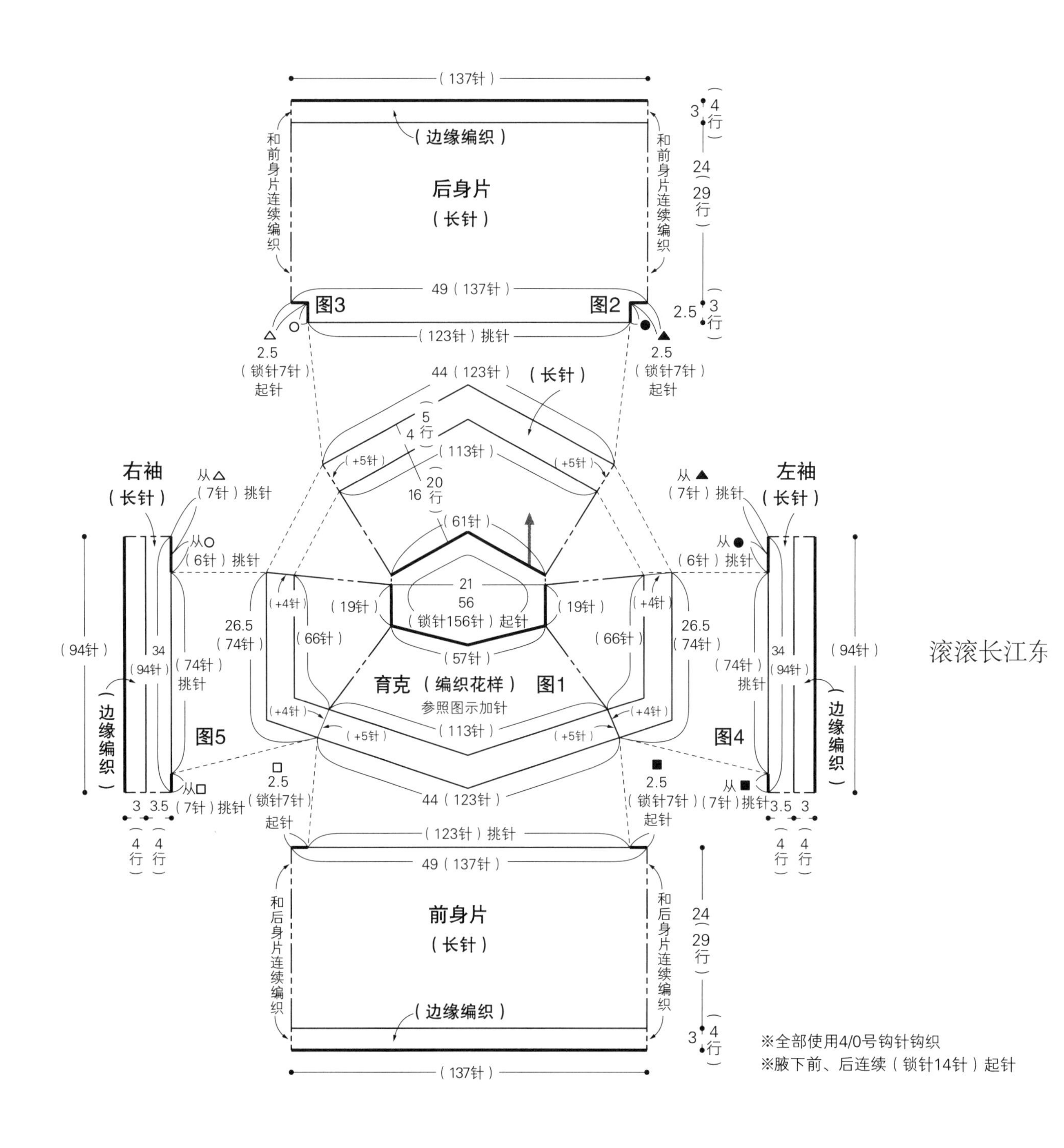

滚滚长江东

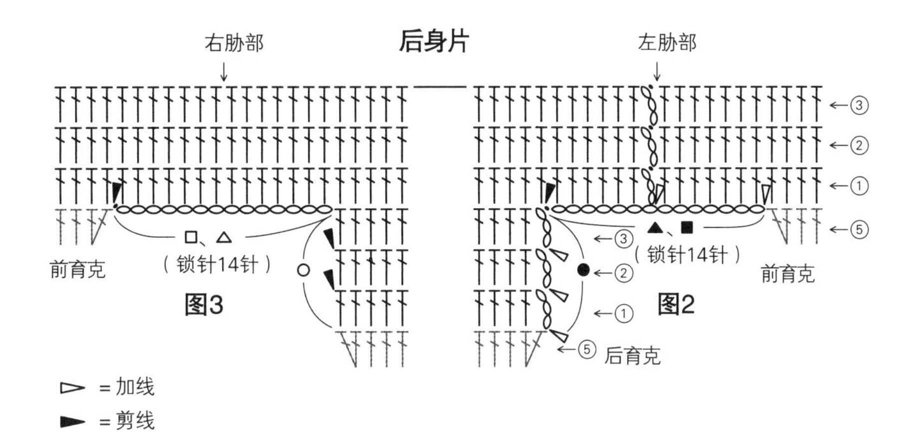
后身片
右胁部
左胁部
前育克
□、△
（锁针14针）
▲、■
（锁针14针）
前育克
图3
图2
后育克
= 加线
= 剪线

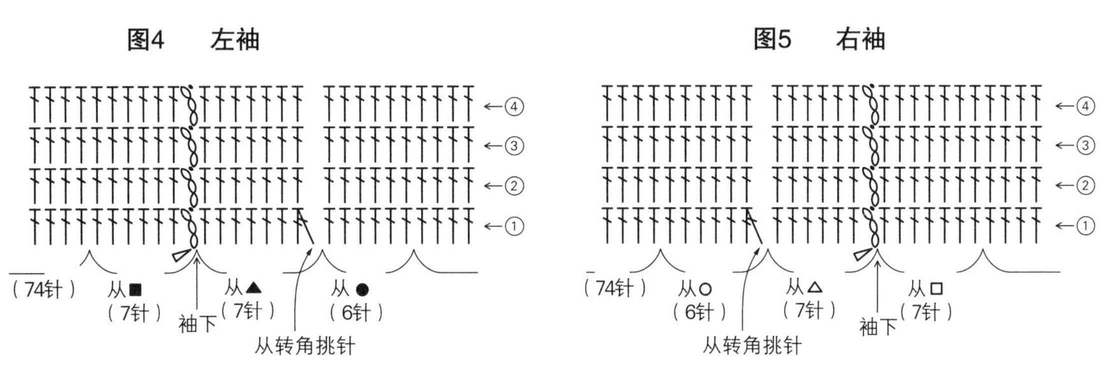
图4　左袖
（74针）
从■
（7针）
袖下
从▲
（7针）
从●
（6针）
从转角挑针
图5　右袖
（74针）
从○
（6针）
从△
（7针）
袖下
从□
（7针）
从转角挑针

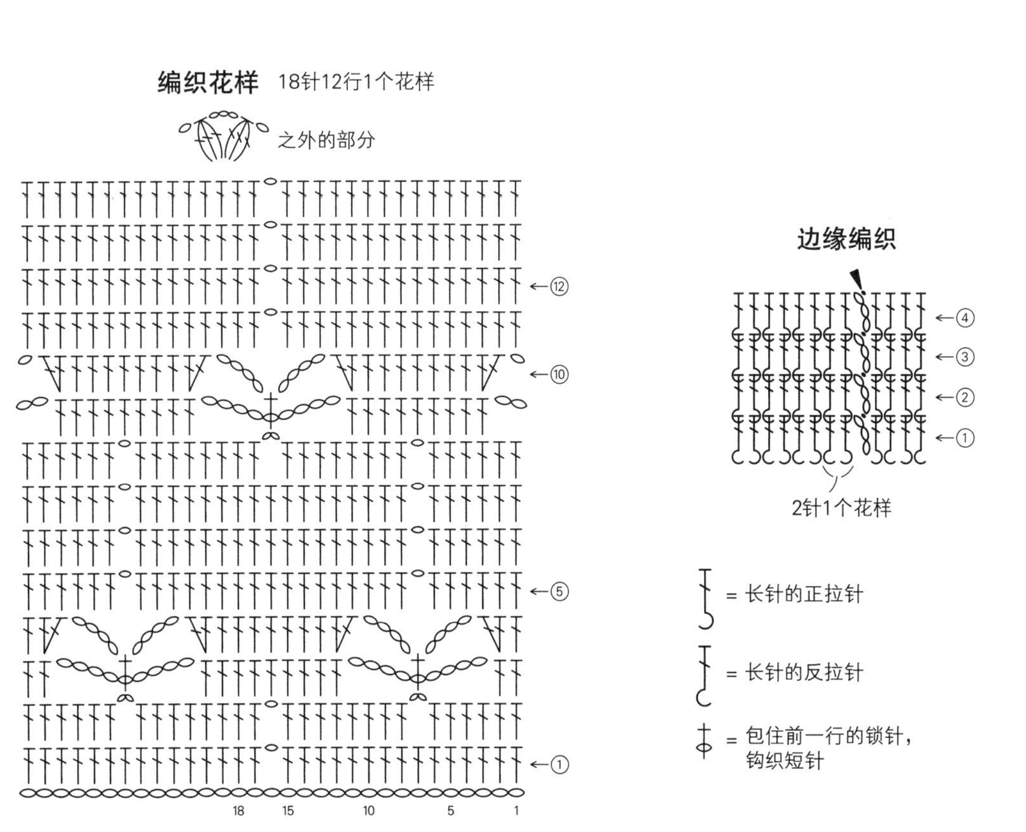
编织花样　18针12行1个花样
之外的部分
18
15
10
5
1
边缘编织
2针1个花样
= 长针的正拉针
= 长针的反拉针
= 包住前一行的锁针，
钩织短针

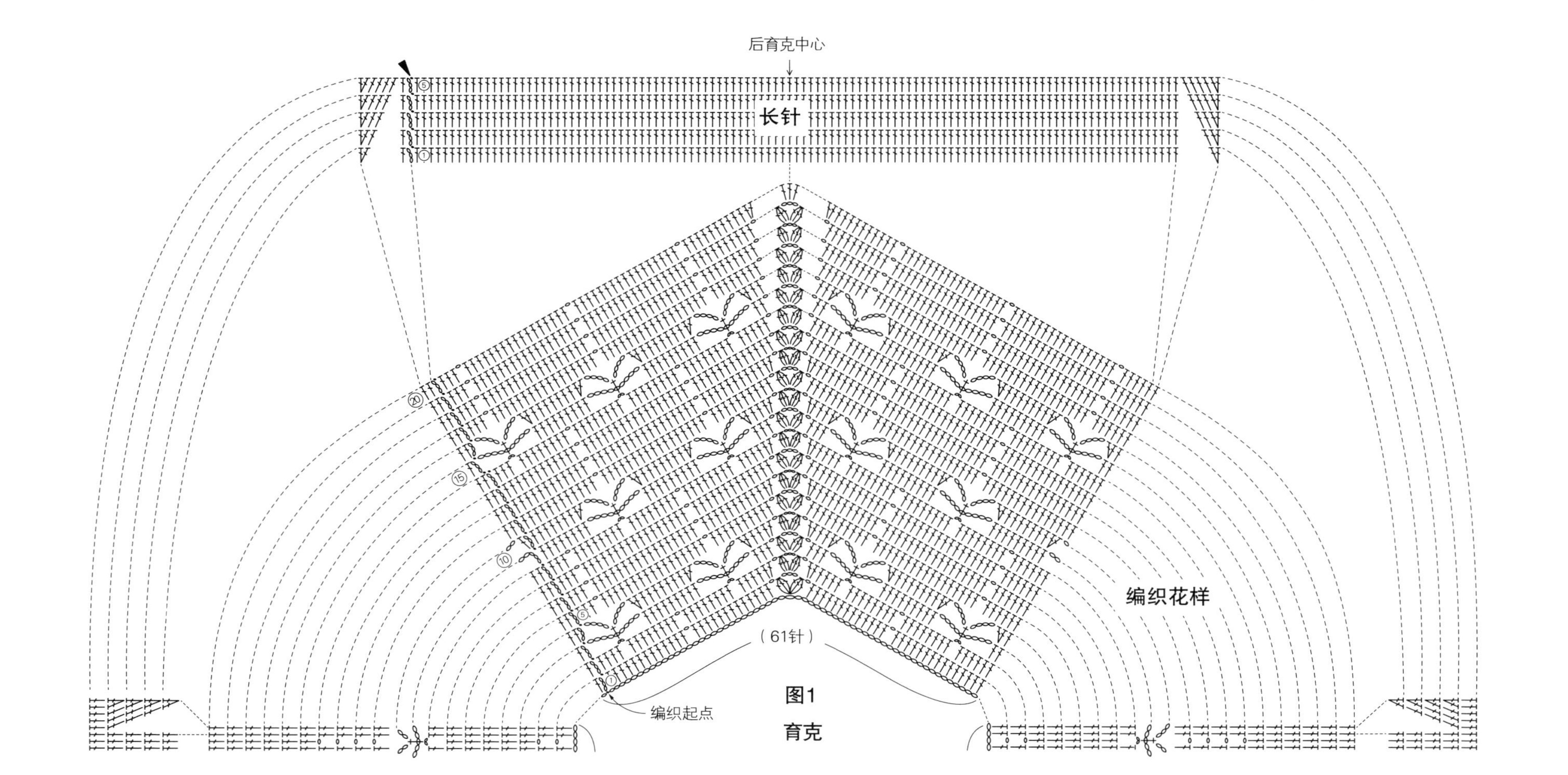

图1
育克

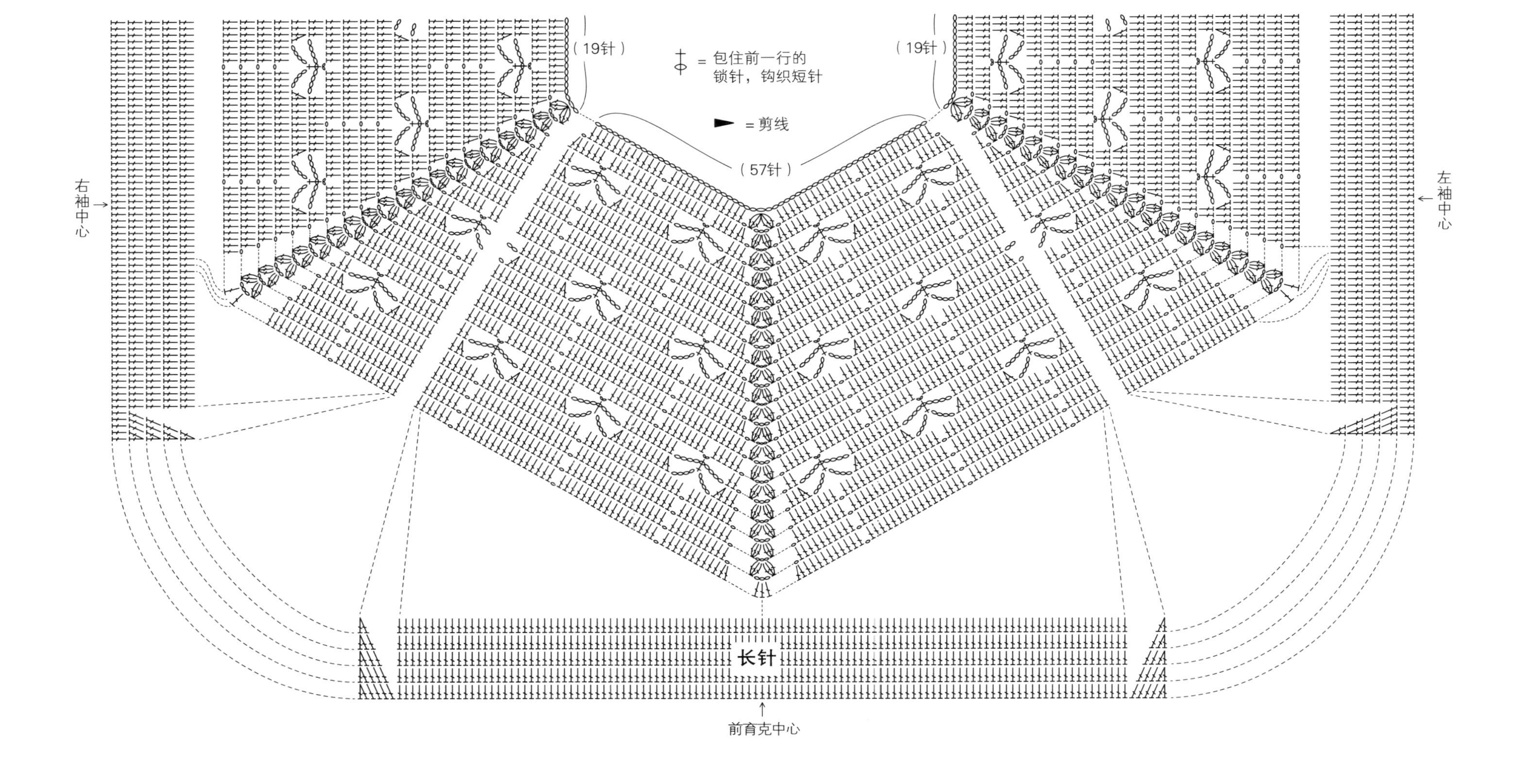

(19针)
= 包住前一行的锁针，钩织短针
= 剪线
(57针)
(19针)
右袖中心
左袖中心
长针
前育克中心

X | 31页

●材料

Sympa Douce(粗)

a 灰色(508)30g/1团　蓝色(506)25g/1团

粉色(504)20g/1团

b 黄色(502)30g/1团　绿色(507)25g/1团

紫色(505)20g/1团

●工具

钩针 5/0号

●成品尺寸

头围 57cm，帽深 18cm

●编织密度

花片 A9.5cm×9.5cm，花片 B是边长 9.5cm的六边形

●编织要点

花片 A用线头环形起针，按照指定的配色钩织 6片。花片 B环形锁针起针，按照指定的配色钩织 1片。花片 A用半针的卷针缝缝合成环形，花片 B也按照同样的方法与花片 A连接。花片 A另一边按条纹长针环形钩织帽檐。

花片A

6片

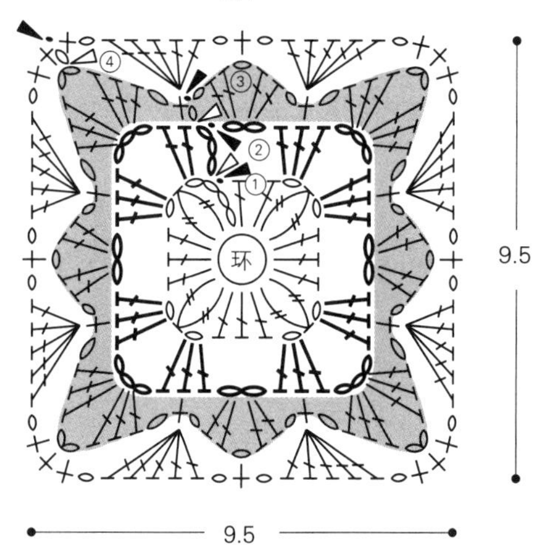

▷ =加线

► =剪线

花片A的配色

行数	*a*	*b*
4	灰色	黄色
3	蓝色	绿色
2	粉色	紫色
1	灰色	黄色

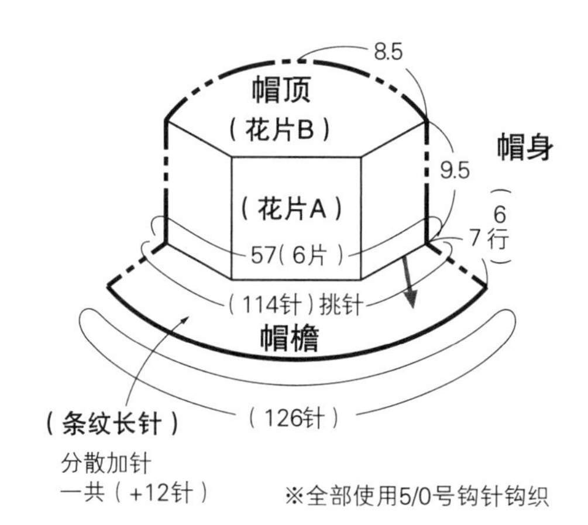

帽顶

花片B的连接方法、条纹长针

花片B

= 加线

= 剪线

用半针的卷针缝连接花片B、A

a 蓝色

b 绿色

用半针的卷针缝连接各花片A

a 灰色

b 黄色

8针

A

A

A

帽身

→①(114针)

→③(120针)(+6针)

→⑤(126针)(+6针)

→⑥

条纹长针

帽檐

花片B的配色

行数	a	b
6	蓝色	绿色
4、5	灰色	黄色
3	蓝色	绿色
2	粉色	紫色
1	灰色	黄色

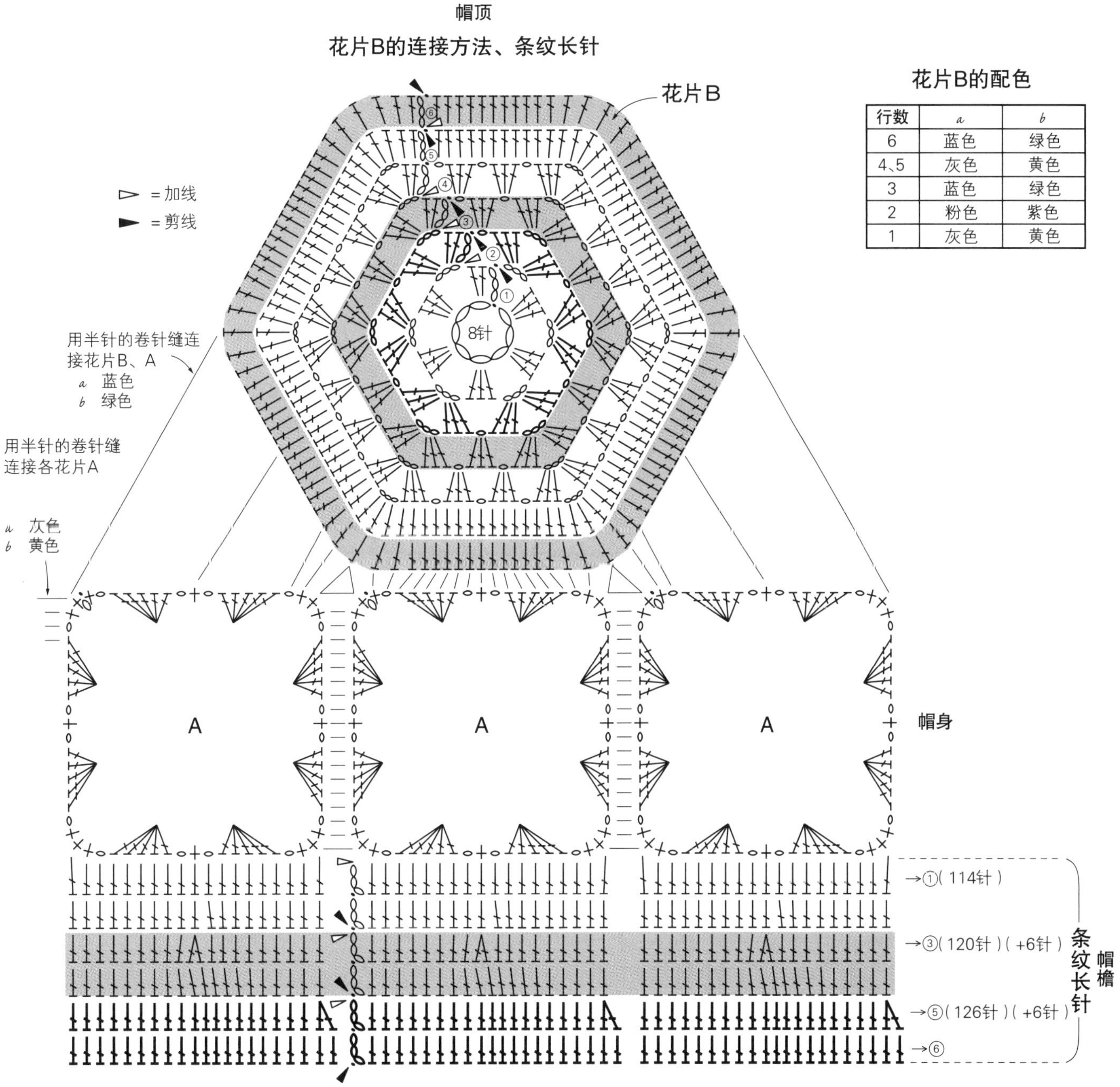

条纹长针的配色

行数	a	b
5、6	粉色	紫色
3、4	蓝色	绿色
1、2	灰色	黄色

Europe no Teami 2024 Harunatsu(NV80784)
Copyright: © NIHON VOGUE-SHA 2024 All rights reserved.
Photographer: Hironori Handa, Noriaki Moriya
Original Japanese edition published in Japan by NIHON VIGUE Corp.
Simplified Chinese translation rights arranged with Beijing Vogue Dacheng Craft Co., Ltd.

严禁复制和出售（无论商店还是网店等任何途径）本书中的作品。
版权所有，翻印必究
备案号：豫著许可备字-2024-A-0033

图书在版编目（CIP）数据

欧洲编织.23，充满活力的编织 / 日本宝库社编著；李静译. -- 郑州：河南科学技术出版社，2024. 9.--ISBN 978-7-5725-1653-5

Ⅰ. TS935.5-64

中国国家版本馆 CIP 数据核字第 20248AK238 号

出版发行：河南科学技术出版社
地址：郑州市郑东新区祥盛街27号　　邮编：450016
电话：（0371）65737028　65788613
网址：www.hnstp.cn
策划编辑：仝广娜
责任编辑：刘淑文
责任校对：王晓红
封面设计：张　伟
责任印制：徐海东
印　　刷：北京盛通印刷股份有限公司
经　　销：全国新华书店
开　　本：889 mm × 1 194 mm　1/16　印张：6　字数：180千字
版　　次：2024年9月第1版　2024年9月第1次印刷
定　　价：49.00元

如发现印、装质量问题，影响阅读，请与出版社联系并调换。